建筑施工特种作业人员安全技术考核培训统编教材

建筑架子工

（普通脚手架）

主　编　任彦斌　黄小明
副主编　文　熠

中国劳动社会保障出版社

图书在版编目(CIP)数据

建筑架子工. 普通脚手架/任彦斌，黄小明主编. —北京：中国劳动社会保障出版社，2011
建筑施工特种作业人员安全技术考核培训统编教材
ISBN 978-7-5045-8831-9

Ⅰ. ①建… Ⅱ. ①任…②黄… Ⅲ. ①脚手架-技术培训-教材
Ⅳ. ①TU731.2

中国版本图书馆 CIP 数据核字(2011)第 014576 号

中国劳动社会保障出版社出版发行
(北京市惠新东街 1 号 邮政编码：100029)
出 版 人：张梦欣

*

北京谊兴印刷有限公司印刷装订 新华书店经销
850 毫米×1168 毫米 32 开本 7.625 印张 180 千字
2011 年 2 月第 1 版 2019 年 8 月第 2 次印刷
定价：20.00 元

读者服务部电话：(010) 64929211/84209101/64921644
营销中心电话：(010) 64962347
出版社网址：http://www.class.com.cn

内容简介

本书根据《建筑施工特种作业人员管理规定》《建筑施工特种作业人员安全技术考核大纲（试行）》《建筑施工特种作业人员安全操作技能考核标准（试行）》等相关规定，介绍了建筑架子工（普通脚手架）必须掌握的安全技术知识和操作技能，针对各种类型的普通脚手架的搭设和拆除的特点，文字力求通俗易懂，内容及顺序编排尽量符合普通脚手架安装与拆卸工的工作过程，深入浅出，以便于达到学以致用的目的，突出了培训教材的实用性、实践性和可操作性。

本书共分七章，包括脚手架工程基础知识、扣件式钢管脚手架、碗扣式钢管脚手架、门式钢管脚手架、木竹与异形脚手架、模板支撑架、脚手架工程安全防护与安全管理等内容。

本书既可作为建筑架子工（普通脚手架）的培训教材，也可作为建筑架子工的常备参考书和自学用书。

前　言

建筑施工是高危行业之一，从事建筑施工的作业人员按照规定分为电工等若干工种，其安全生产管理历来受政府高度重视。所谓建筑施工特种作业人员，是指在房屋建筑和市政工程施工活动中，从事可能对本人、他人及周围设备设施的安全造成重大危害作业的人员。为加强对建筑施工特种作业人员的管理，防止和减少生产安全事故，住房和城乡建设部于2008年先后发布施行了《建筑施工特种作业人员管理规定》（以下简称《规定》）和《关于建筑施工特种作业人员考核工作的实施意见》。根据《建设工程安全生产管理条例》和《安全生产许可证条例》相关规定，建筑施工特种作业人员必须按照国家有关规定经过专门的安全作业培训，并取得特种作业操作资格证书后，方可上岗作业。特种作业人员的安全技术考核培训和管理工作又上了一个新台阶。

目前，建筑施工特种作业人员培训考核工作已经正式开展并取得良好的效果，培训单位和培训人员急需有针对性和实用性的教材。鉴于此，根据住房城乡建设部颁布的《规定》和《建筑施工特种作业人员安全技术考核大纲（试行）》《建筑施工特种作业人员安全操作技能考核标准（试行）》的要求，我们组织编写了“建筑施工特种作业人员安全技术考核培训统编教材”。本套教材共14种：《建筑施工特种作业安全生产知识》《建筑电工》《建筑焊工》《建筑架子工（普通脚手架）》《建筑架子工（附着升降脚手架）》《建筑起重司索信号工》《建筑起重机械司机（塔式起重机）》《建筑起重机械司机（流动式起重机)》《建筑起重机械司机（施工升降机)》《建筑起重机械司机（物料提升机)》《建筑起重机械安装拆卸工（塔式起重机)》《建筑起重机械安装拆卸工（施工升降机)》《建筑起重机械安装拆卸工（物料提升机)》《高处作业吊篮安装拆卸工》，其中，《建筑施工特种作业安全生产知识》为每个工种必修的基础知识，为通用教材。

本套教材针对建筑施工特种作业人员各工种的安全技术考核培训，紧扣考核大纲和技能操作考核标准，具有科学性、实用性和适用性的特点，内容深入浅出，通俗易懂并图文并茂。本套教材编写过程中，得到了地方建筑工程管理局、相关高职院校、培训单位和企业的专家、学者的积极参与和稿件的审读工作，各书种主编都具有多年从事建筑特种作业人员培训的授课教师，使教材真正达到“少而精”“实用、管用”。参加本套教材组织和编写的人员有：仝茂祥、徐惠、叶琦、黄代高、吴建华、王有志、鲍利、任彦斌、黄小明、程国强、张鸿文、孙超、周冠南、文熠。

由于时间关系，难免有错误和不足之处，欢迎广大的读者给予批评指正。

编写工作组
2010年7月

目 录

第一章

脚手架工程基础知识

第一节　脚手架概述

脚手架是建筑工程施工中必不可少的重要临时设施，是为保障高处作业安全、顺利进行施工而搭设的工作平台或者运输通道。结构工程、装修工程以及设备管道安装工程的施工，都需要按照操作要求搭设脚手架。因此，在建筑施工中，脚手架工程占有特别重要的地位。

我国脚手架工程的发展主要经历了三个阶段。第一阶段是新中国成立以后至20世纪60年代的自然发展阶段，脚手架主要采用的是木、竹等材料。第二阶段是20世纪60年代末至20世纪70年代，钢管架开始传入我国，使脚手架技术进入了一个新时期，出现了扣件式钢管脚手架、钢制工具式脚手架等。在这一时期，钢脚手架与木、竹脚手架并存。第三阶段是20世纪80年代至今，随着我国建筑业的蓬勃发展，尤其是高大建筑的不断出现，使得国内一些研究、设计、施工等机构在从国外引入新型脚手架的基础上，逐渐开发了门式、碗扣式等一系列新型脚手架，出现了多种脚手架并存的局面。脚手架的发展趋势是金属脚手架必然代替木、竹脚手架。

一、脚手架的分类

1．按照脚手架所用材料

可以分为木脚手架、竹脚手架、金属脚手架。

2. 按照脚手架用途

可以分为结构脚手架、装修脚手架、安装脚手架、修缮脚手架和支撑脚手架等。

3. 按照脚手架搭设位置

可以分为外脚手架和内脚手架。

凡是搭设在建筑物外围的脚手架，统称为外脚手架。按照其搭设方法的不同，可以分为以下几种。

（1）落地式脚手架

从地面搭起，建筑物多高，它就要搭多高。这种脚手架对外墙砌筑、墙面质量控制起到很大作用，但需要大量脚手架材料，搭设费工费时。建筑物越高，脚手架的稳定性越差，所以高层建筑物的落地式脚手架要采取相应的稳固措施。

（2）挂脚手架

挂靠在墙上或柱上的脚手架，随工程的进展上下移挂。

（3）吊脚手架

从屋面或楼板上悬吊下来，利用起重机具逐步提升或下降。

（4）挑脚手架

从墙上向外挑出。

后三种脚手架主要用于墙面装饰施工，都是装饰脚手架。

凡是搭设在建筑物内部的脚手架，统称为内脚手架。内脚手架搭设在楼层内，可以随楼层建高而搬移。工人在室内操作安全可靠，脚手架的构造也比较简单，用料少，轻便，能多次重复使用。

4. 按照脚手架的结构形式

可以分为杆件组合式脚手架、框架组合式脚手架、格构组合式脚手架和台架等。

二、脚手架的作用与要求

建筑脚手架是施工作业中必不可少的设施，没有它就难以进行施工作业和确保施工安全、工程质量以及施工进度。此外，脚手架又占用着施工企业的大量流动资金，是企业经济管理工作中的重要环节之一。在科学技术迅速发展的今天，建筑脚手架工程是衡量建筑施工技术发展水平的重要标志之一。

选择脚手架的类型，要根据工程特点、材料配备以及施工方法等因素来决定，力求达到安全、坚固、适用和经济。无论哪一种脚手架，都必须满足以下几点要求：

1．要有足够的坚固性和稳定性。施工期间在允许荷载和气候条件作用下，不产生变形、倾斜或摇晃现象，确保施工人员的人身安全。

2．要有足够的面积，能满足工人操作、材料堆放以及车辆行驶的需要。

3．因地制宜，就地取材，尽量节约脚手架用料。

4．构造简单，拆装方便，并能多次周转使用。

第二节　建筑力学

建筑工程中的各类建筑物，如房屋、桥梁、脚手架等，都是由许许多多构件组合而成的。这些建筑物在建造之前，都要由设计人员对组成它们的构件一一进行受力分析，对构件的尺寸、所用材料进行结构计算，这样才能保证建筑物的牢固和安全。建筑力学便是为这些建筑结构的受力分析和计算提供理论依据的一门学科。

建筑物在建造和使用过程中都会受到各种力的作用，工程上习惯把作用于建筑物上的外力称为荷载。在建筑物中，承受并传递荷载而起骨架作用的部分称为结构。结构可以是一根梁或一根柱，也可以是由多个结构元件（称为构件）组成的整体。

例如，工业厂房的空间骨架就是由屋架、柱子、吊车梁、屋面板及基础等多个构件组成的整体结构。

当对建筑物进行结构设计时，一般的做法是先对结构进行整体布置，把结构分为一些基本构件，对每一构件进行设计计算，然后再通过构造处理，把各个构件联系起来构成一个整体结构。建筑力学的主要研究对象就是组成结构的构件和构件体系。

在荷载作用下，承受荷载和传递荷载的建筑结构和构件，一方面会受到周围物体对它们的反作用；另一方面，构件本身也因受荷载作用而将产生变形，并且存在着发生损坏的可能。所以结构构件本身应具有一定的抵抗变形、抵抗破坏和保持原有平衡状态的能力，即要有一定的强度、刚度和稳定的承载能力。这种承载能力的大小和构件的材料性质、截面几何形状及尺寸、受力特点、工作条件、构造情况等有关。在结构设计中，其他条件一定时，如果构件的截面设计得过小，当构件所受的荷载大于构件的承载能力时，则结构不安全，它会因变形过大而影响正常工作，或因强度不够而导致破坏。当构件所受的荷载比构件的承载能力小得多时，则要多用材料，造成浪费。因此，在对结构或构件进行承载能力计算时，应使所设计的构件既安全又经济。

上述这些便是建筑力学所研究的主要内容，包括静力学、材料力学、结构力学三个部分。

一、力的基本概念

1. 力

力的概念来源于生产实践。伽利略和牛顿在总结前人成果的基础上，对力作了如下定义：力是物体之间的相互机械作用。这种作用的结果，一是使物体发生变形，例如，力作用在脚手架的绑扎钢丝上，能使钢丝拉直、压弯、伸长等，称为力的内效应；二是使物体的运动状态发生改变，称为力的外效应，例如，人工推小车，可以使小车由静止转变为运动，并使小车速度变快、变慢或转向等。为了便于研究力对物体的作用，对那些受力后变形很微小的物体，或在工程上可以忽略该变形时，视为“刚体”，即刚体是在任何外力作用下，大小和形状保持不变的物体。

力对物体的作用效果取决于三个要素：力的大小、方向、作用点。力的大小反映物体间相互机械作用的强弱程度，它可以通过力的外效应和内效应的大小来度量。力的方向表示物体间的相互机械作用具有方向性，它包括力所顺沿的直线（称为力的作用线）在空间的方位和力沿其作用线的指向。力的作用点是物体间相互机械作用位置的抽象化。力的三要素中的任何一个如有改变，则力对物体的作用效果也将改变。

力的三要素表明力是定位矢量，可用一条沿力的作用线的有向线段来表示。此有向线段的起点或终点表示力的作用点；此线段的长度按一定的比例表示力的大小；此线段与某定直线的夹角表示力的方位，箭头表示力的指向。图 1—1 表示物体 A 点受到力 F 的作用。

在国际计量单位制中，力的单位用牛顿（N）或千牛顿（kN）表示。工程上习惯采用千克力（kgf）和吨力（tf）表示。它们之间的换算关系为：

1 牛顿(N) = 0.102 千克力(kgf)

1 吨力(tf) = 1 000 千克力(kgf)

1 千克力(kgf) = 9.806 65 牛顿(N)

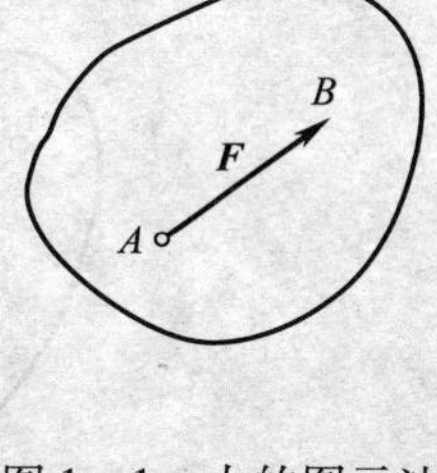

图 1—1　力的图示法

工程上通常粗略地按 1 千克力（kgf）=10 牛顿（N）进行换算。

2．力矩和力偶

（1）力矩

从实践中知道，力除了能使物体移动外，还能使物体转动。

试观察用扳手拧紧螺钉（见图 1—2），力 F 使扳手连同螺钉绕 O 点（即绕通过 O 点垂直于纸面的轴）转动。由经验得知，力越大，螺钉拧得越紧，力的作用点离螺钉中心越远，拧紧螺钉时越省力。用钉锤拔钉子（见图 1—3）也具有类似的性质。

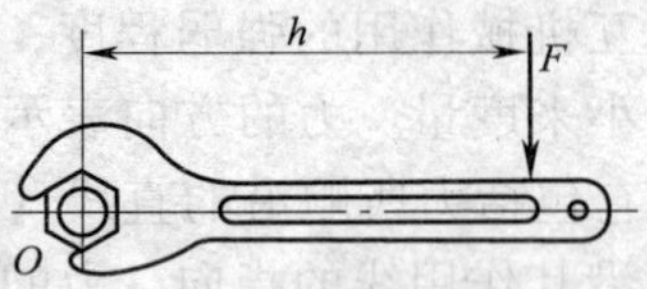

图 1—2　用扳手拧紧螺钉

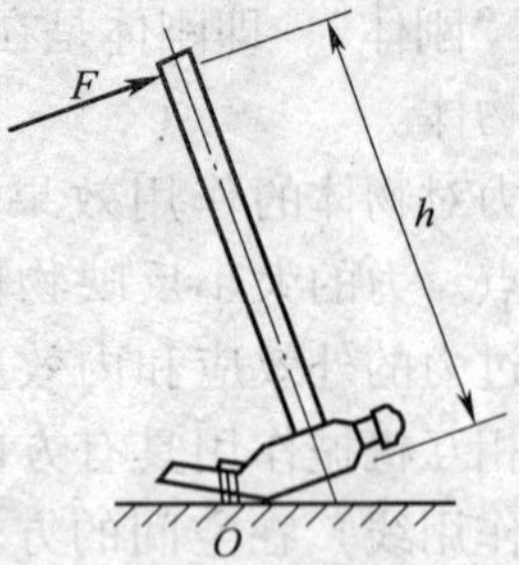

图 1—3　用钉锤拔钉子

通过许多这样的实例，得到一种概念：力 F 使物体绕 O 点转动的效应，不仅与力的大小有关，而且还与力的作用线到 O 点的垂直距离 h 有关，因此乘积 Fh 就是力的转动效应的度量，该乘积取适当的正负号，称为力 F 对 O 点的矩，简称力矩。正负号用以区别力 F 使物体绕 O 点转动的方向，所以力矩可用一个代数量表示，如图 1—4 所示。

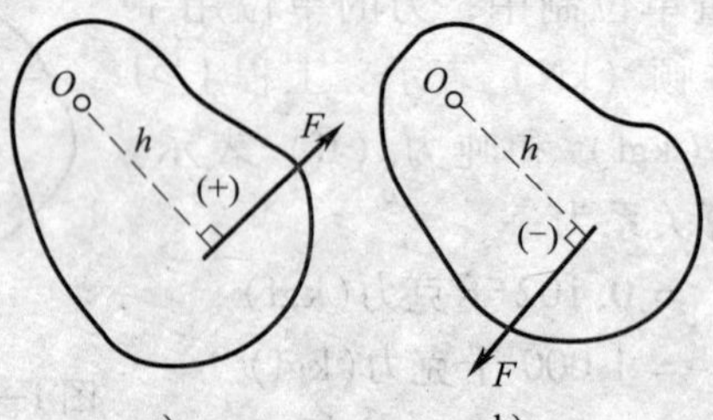

a)　b)

图 1—4　力矩

力矩的概念可以推广到普遍情形中，设平面上作用一力 F，在同平面内任取一点 O 称为矩心，O 点到作用线的垂直距离 h 称为力臂，则在平面问题中，力对点的力矩的定义如下：

力对点的力矩可以用一个代数量表示，其绝对值等于力的大小和力臂的乘积，它的正负号通常规定为力使物体绕矩心逆时针方向转动时为正，反之为负。

力 F 对 O 点的力矩可用符号 $m_O(F)$ 表示，其计算公式为：

$$m_O(F) = \pm Fh$$

力矩在下列两种情况下等于零：力等于零、力的作用线通过矩心。力矩的单位为牛顿 · 米（N · m），也可用千牛 · 米（kN · m）。

（2）力偶

实际生产生活中，经常会遇到两个大小相等的反向平行力作用于物体的情形。例如，司机转动转向盘（见图 1—5 ），钳工用丝锥攻螺纹（见图 1—6），以及人们用手指旋水龙头等，都是这样加力的。两个大小相等、作用线不重合的反向平行力组成的力系，称为力偶（见图 1—7），可记作（F，F'）。力偶中两力之间的垂直距离 d 称为力偶臂。

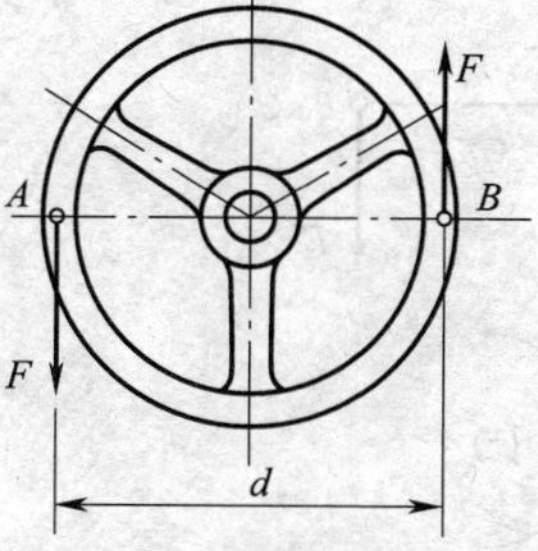

图 1—5　转动转向盘

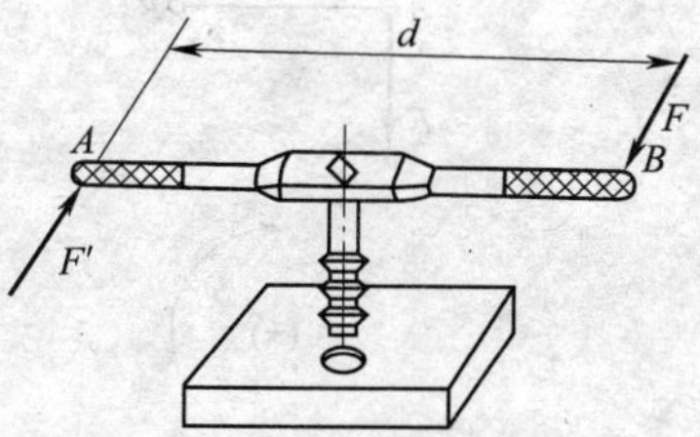

图 1—6　用丝锥攻螺纹

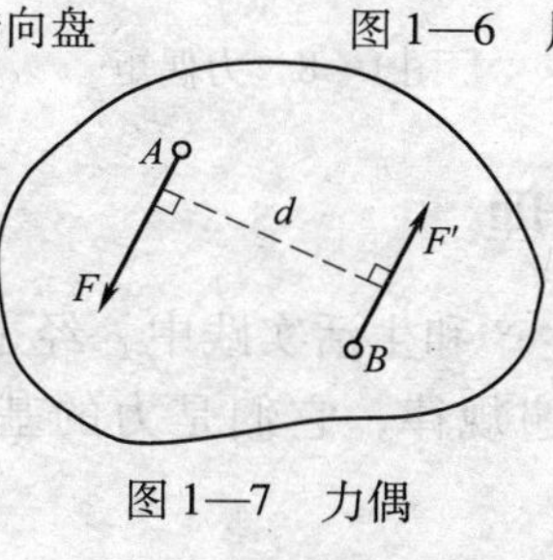

图 1—7　力偶

很显然，力偶不可能合成为一个力，或用一个力来等效替换，因而力偶也不能用一个力来平衡。力和力偶是力学中的两个基本物理量。力可使物体发生转动和移动，但力偶对物体的作用只能产生转动效应，它可以也只能使物体转动或改变物体的转动状态。

怎样度量力偶对物体的作用效应呢？实验证明：力偶对作用面内任一点的矩恒等于力偶中一力的大小和力偶臂的乘积，它与力偶的旋转方向有关而与矩心的位置无关。

力的大小与力偶臂的乘积 Fd 加上适当的正负号，称为力偶矩（见图 1—8），可记作 M（F，F'）或简写为 M。其计算公式为：

$$M = \pm Fd$$

公式中正负号的规定是逆时针转向为正，反之为负。力偶矩的单位和力矩相同，也是牛顿·米（N·m）。

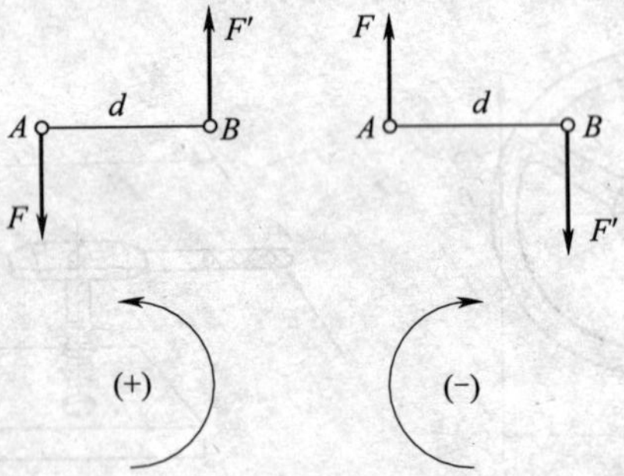

图 1—8　力偶矩

二、静力学公理

人类在长期的生产和生活实践中，经过反复观察和实验总结出了关于力的普遍规律，它们是力的基本性质的概况和总结。

1. 作用与反作用公理

两个物体间的作用力和反作用力，总是大小相等、方向相反、沿同一直线并分别作用在两个物体上。

这个公理概括了任何两个物体之间相互作用力的关系。如有作用力，就必然有反作用力，两者总是同时存在，又同时消失。例如，图1—9所示的物体 A 对物体 B 施加了作用力 F，同时，物体 A 也受到了物体 B 对它的反作用力 F'，且这两个力大小相等、方向相反、沿同一直线作用。

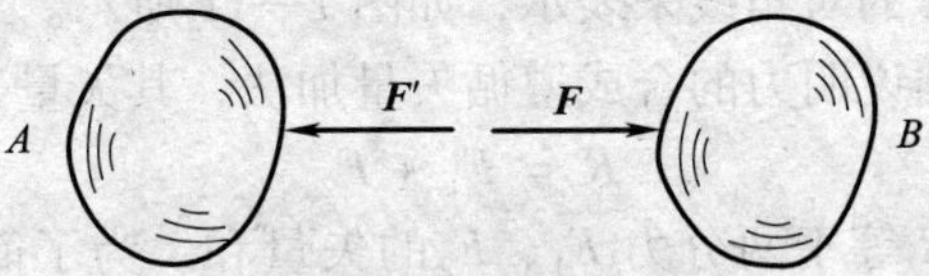

图1—9　作用力与反作用力示意图

2. 二力平衡公理

作用在同一刚体上的两个力使物体平衡的必要和充分条件是这两个力大小相等、方向相反，且作用在同一直线上。

这个公理揭示了作用于刚体上的最简单力系平衡时所必须满足的条件，即二力平衡条件。图1—10所示为受两个力作用的刚体，很显然，刚体平衡的条件必须是两个力 F_A 和 F_B 等值、反向、共线。

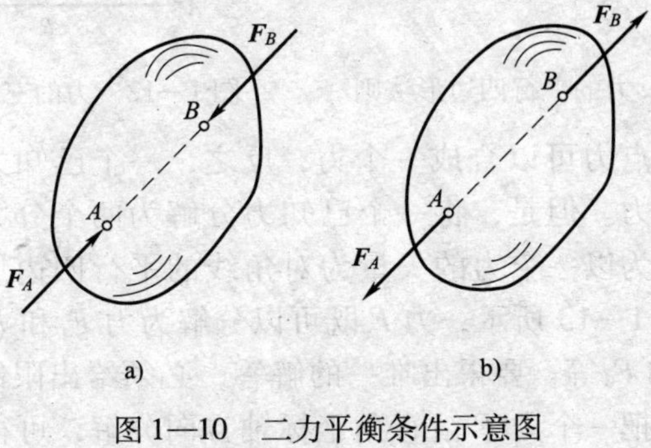

图1—10　二力平衡条件示意图

必须注意，不能把二力平衡问题和作用力与反作用力关系混淆。二力平衡公理的两个力是作用在同一物体上，而且是使物体平衡的。作用与反作用公理中的两个力是分别作用在不同的两个物体上，说明的是一种相互作用关系，虽然都是大小相等、方向相反、作用在同一条直线上，但不能说是平衡的。

3. 力的平行四边形法则

作用于物体上同一点的两个力，可以合成为一个合力，合力也作用于该点，合力的大小和方向用由这两个力为边所构成的平行四边形的对角线来表示，如图 1—11 所示。

这个法则说明力的合成遵循矢量加法，其矢量表达式为

$$R = F_1 + F_2$$

即合力 R 等于两分力 F_1、F_2的矢量和。为了简便，在利用作图法求两共点力的合力时，只需画出平行四边形的一半即可。其方法是：先从两个分力的共同作用点画出一个分力，再从此分力的终点画出另一分力，最后由第一个分力的起点至第二个分力的终点作一矢量，即所求合力，作出的三角形称为力三角形，这种求合力的方法称为力的三角形法则，如图 1—12 所示。

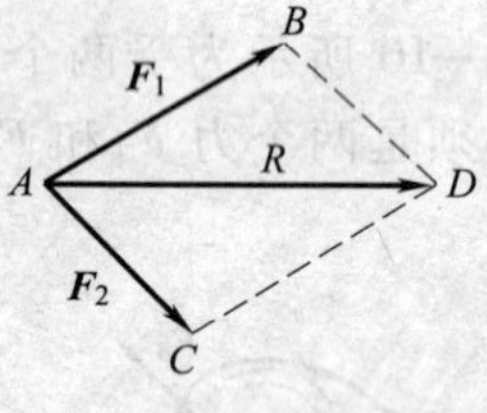

图 1—11　力的平行四边形法则

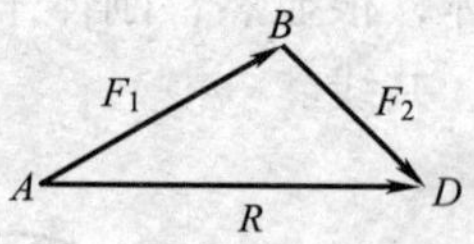

图 1—12　力的三角形法则

两个共点力可以合成一个力，反之，一个已知力也可以分解为两个分力。但是，将一个已知力分解为两个分力可得到无数解答。因为以一个力的矢量为对角线的平行四边形可作出无数个。如图 1—13 所示，力 F 既可以分解为力 F_1和 F_2，也可以分解为 F_3和 F_4等。要得出唯一的解答，必须给出限制条件。在工程中，常把一个力 F 沿直角坐标轴方向分解，可得出两个相

互垂直的分力 F_X 和 F_Y，如图 1—14 所示，F_X 和 F_Y 的大小可由三角函数公式求得。

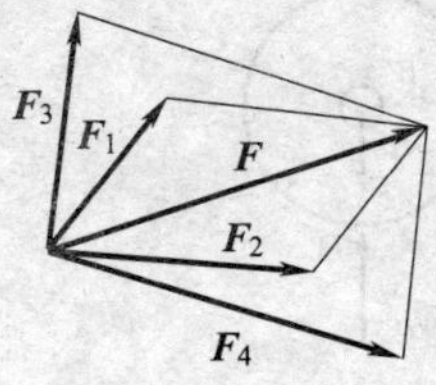

图 1—13　力的分解示意图

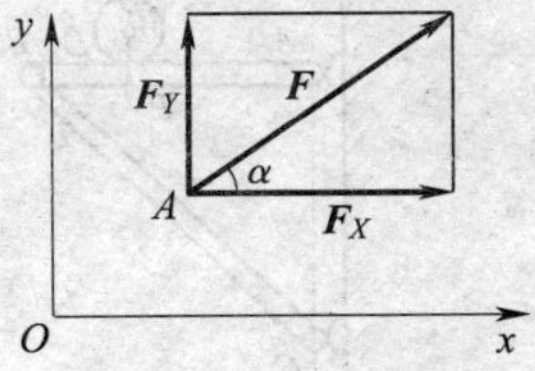

图 1—14　力沿直角坐标轴分解的示意图

力的平行四边形法则是力系简化的基础，同时，它也是力分解时所应遵循的法则。

4. 结构受力分析

工程结构中各个构件之间是相互联系的，它们在荷载和支座反力的共同作用下保持平衡，当设计某个构件时，首先需要分析其受到的已知力情况，然后根据平衡条件求出未知力，这种分析过程叫做受力分析。

当求解某构件的未知力时，通常要将其从与它相联系的机构体系中分离出来，这种从周围物体中单独分离出来的研究对象称为分离体。在分离体上画出它所受到的全部主动力和约束反力，这样所得到的图形称为受力图。画受力图是解决力学问题的关键，是进行力学计算的依据。

通过以上分析，可将画受力分析图分为以下三个步骤：

(1) 将研究对象与周围其他物体之间的约束全部解除，单独画出该研究对象。

(2) 将作用在研究对象上的所有已知的主动力画出。

(3) 分析约束条件，确定并画出所有约束反力（支座反力）。

例题：由水平杆 *AB* 和斜杆 *BC* 构成的支架如图 1—15a 所示，在 *AB* 杆上放置一重为 *P* 的物体 *W*，*A*、*B*、*C* 处都是铰链连接。各杆的自重不计，各接触面都是光滑的。试分别画出重物 W、水平杆 AB、斜杆 BC 和支架整体的受力图。

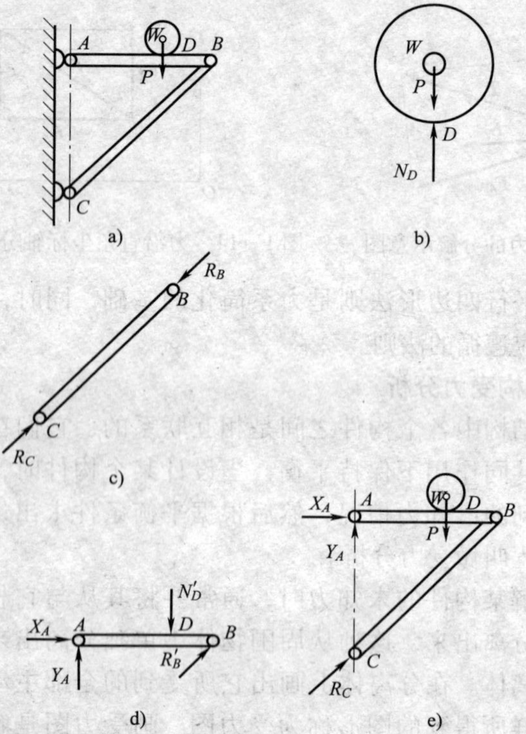

图 1—15　支架

解：(1) 作重物 W 的受力图

主动力是重物的重力 P，约束反力是 N_D（见图 1—15b）。

(2) 作斜杆 BC 的受力图

BC 杆的两端是铰链连接，约束反力的方向本来是不定的，但因杆中间不受任何力的作用，且杆的自重也忽略不计，所以斜杆 BC 只在两端受到 R_B 和 R_C 两个力的作用而处于平衡状态。由二力平衡公理可知，此两力的作用线必定沿两铰链的中心 B 和 C 的连线，指向可任意假定（见图 1—15c）。只受两力作用而平衡的杆件称为二力杆。

（3）作水平杆 *AB* 的受力图

A 处为铰链约束，其反力可用 X_A 和 Y_A 表示，而 *D* 处和 *B* 处的约束反力是 N'_D 和 R'_B。N_D 和 N_D'、R_B' 和 R_B 分别是作用力和反作用力的关系（见图 1—15d）。

（4）最后作整体的受力图

整体的受力图如图 1—15e 所示。此时，不必将 *B*、*D* 处的作用力画出，因为对整个支架来说，这些力相互抵消，并不影响平衡。

三、杆件基本变形和压杆稳定性

1. 杆件基本变形

杆件在不同的外力作用下，将发生不同形式的变形，杆件的变形包括四种基本形式，以及基本形式的组合。

（1）轴向拉伸和压缩

杆件两端沿轴线作用一对大小相等、方向相反的力 *P*，杆件产生轴向拉伸或压缩变形。当力 *P* 的方向与截面外法线方向一致时，杆件伸长，称为轴向拉伸，如图 1—16a 所示；当力 *P* 的方向与截面外法线方向相反时，杆件缩短，称为轴向压缩，见图 1—16b 所示。

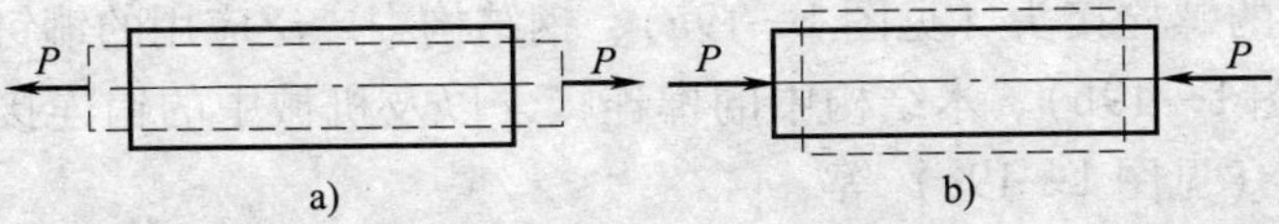

图 1—16　轴向拉伸和压缩

工程结构中，发生轴向拉伸或压缩变形的构件是很常见的。如图 1—17a 所示，三角支架的 *AB* 杆拉伸，*BC* 杆压缩；如图 1—17b 所示，桁架的上弦杆 *AC*、*CE*、*EG*、*GB* 压缩，下弦杆 *AD*、*DF*、*FH*、*HB* 拉伸。另外，如起重用的绳索、拧紧的螺栓都是拉伸的例子，模板的支柱、桥梁的桥墩都是压缩的例子。

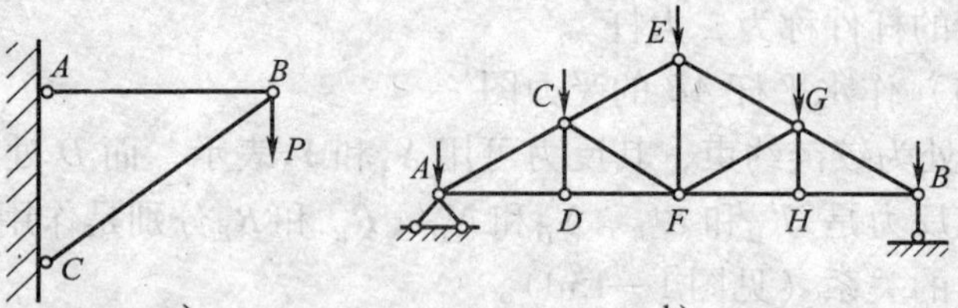

a)　　　　　　　　　　b)

图 1—17　轴向拉伸和压缩变形应用示例

（2）剪切

杆件受到一对大小相等、方向相反、作用线相距很近的横向力（即垂直于杆件轴线的力）P 作用时，杆件发生剪切变形。在剪切变形过程中，随着力的增大，两力间的截面将沿着力的作用方向发生相对错动直至剪断，如图 1—18 所示。

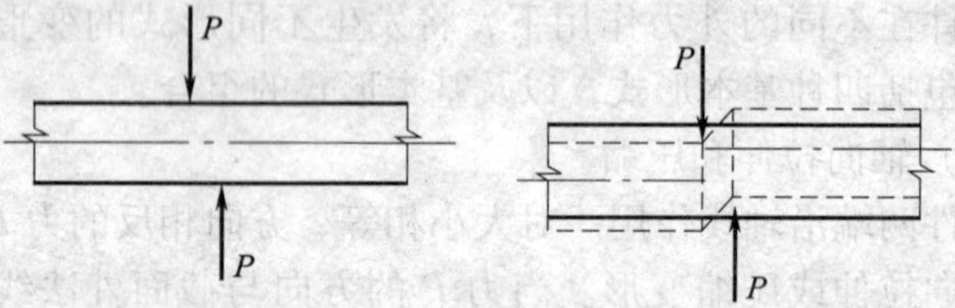

a)　　　　　　　　　　b)

图 1—18　剪切变形

工程中，剪切变形常出现在构件的连接部分，如连接两块钢板的螺栓接头（见图 1—19a）、钢结构中广泛应用的铆钉连接（见图 1—19b）、木结构中的榫连接，以及机械中的销连接、键连接（见图 1—19c）等。

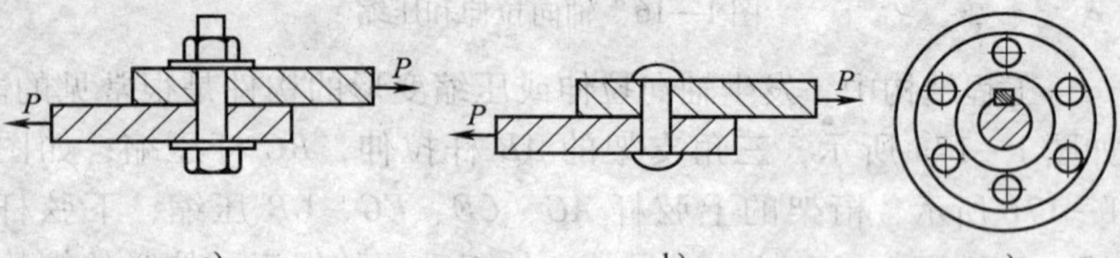

a)　　　　　　　　　　b)　　　　　　　　　　c)

图 1—19　构件的连接方式

（3）扭转

在垂直于杆件轴线的平面内，作用一对大小相等、方向相反的外力偶时，杆件的任意两个横截面将绕轴线作相对运动，这种形式的变形称为扭转变形，如图 1—20 所示。

图 1—20　圆轴的扭转

工程中，有些杆件的变形属于扭转变形。例如，汽车转向盘的操纵杆（见图 1—21a），司机通过转向盘将力偶作用于操纵杆的 B 端，操纵杆的阻力偶作用于 A 端，使杆件 AB 产生扭转变形；房屋的雨篷梁（见图 1—21b），雨篷板及其上的荷载对梁作用的分布力偶，使梁产生扭转变形。

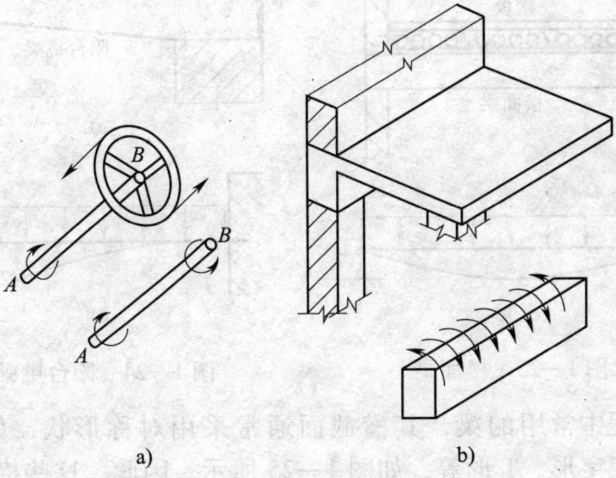

图 1—21　扭转变形实例

（4）弯曲

杆件在垂直于轴线的外力作用下或在纵向平面内受到外力偶作用（见图 1—22），使杆件的轴线由直线变成曲线，这种变形称为弯曲变形。凡以弯曲为主要变形的杆件通常称为梁。梁是一种常见的构件，在各类工程中均占有重要地位。

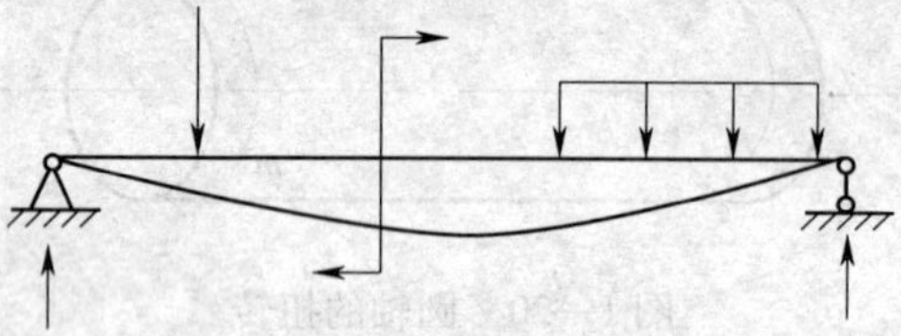

图 1—22　杆件的弯曲变形

弯曲变形是工程中最常见的一种变形形式。例如，房屋建筑中的楼面梁（见图 1—23）、阳台挑梁（见图 1—24）等，都是以弯曲变形为主的构件。

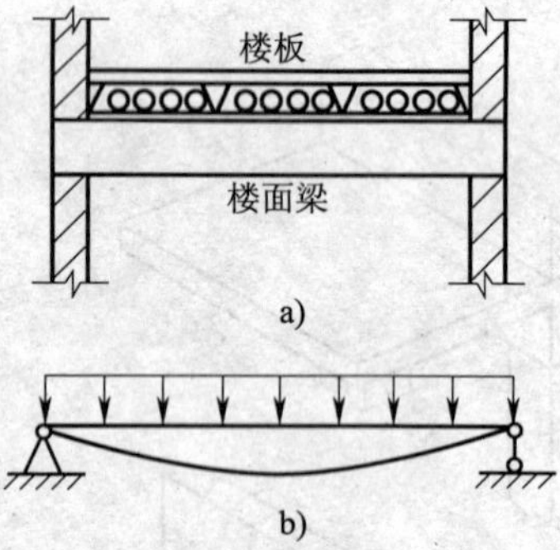

图 1—23　楼面梁

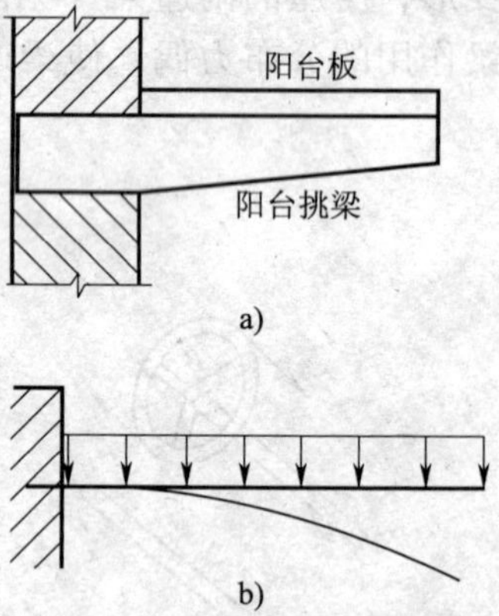

图 1—24　阳台挑梁

工程中常用的梁，其横截面通常采用对称形状，如矩形、圆形、工字形、T 形等，如图 1—25 所示。因此，这些横截面都有一根纵向对称轴，该对称轴与梁轴线形成的平面称为纵向对称平面（见图 1—26）。

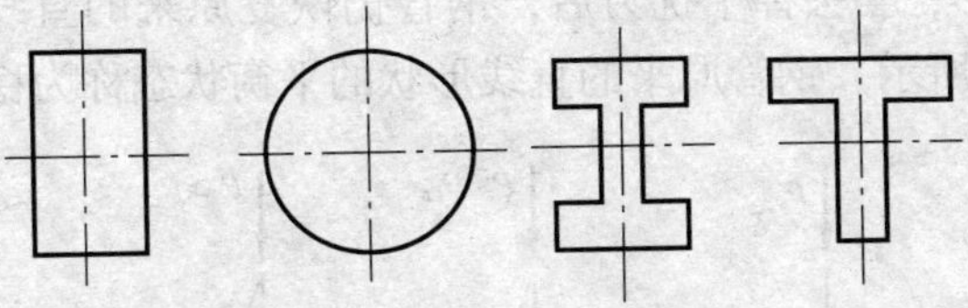

图 1—25　常用梁的横截面形状

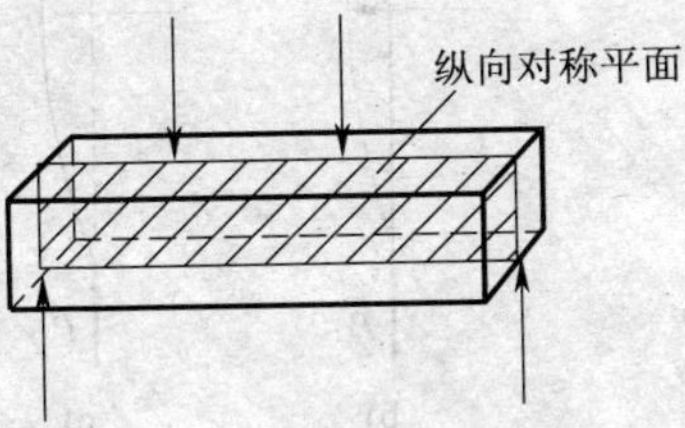

图 1—26　梁的纵向对称平面

2. 压杆稳定性

轴向受压杆的承载能力是依据强度条件确定的。但在实际工程中发现，长度很小的短杆受压力作用时，当应力达到屈服极限或抗拉强度时，将发生塑性变形或断裂，属强度破坏。而许多细长的受压杆件的破坏是在其应力还远没有达到屈服极限或抗拉强度的情况下发生的。因此，很多脚手架失稳倒塌事故发生的原因不是立杆承载力不够被压断，而是由于其轴线不能维持原有直线形状的平衡状态，这种现象称为压杆丧失稳定，即压杆失稳。脚手架立杆失稳破坏比强度不足破坏时所承受的压力要小得多。

为了研究细长压杆的失稳过程，取一根 4 m 长的脚手架钢管，在脚手架钢管端部施加一个逐渐增大的轴向压力 P，如图 1—27a 所示。

当压力 P 不大时，钢管保持直线平衡状态。

这时，如果给钢管施加一个横向干扰力 Q，钢管便发生微小的弯曲变形，当去掉干扰力后，钢管仍恢复原来的直线形状，如图 1—27b 所示。钢管原来的直线形状的平衡状态称为稳定平衡。

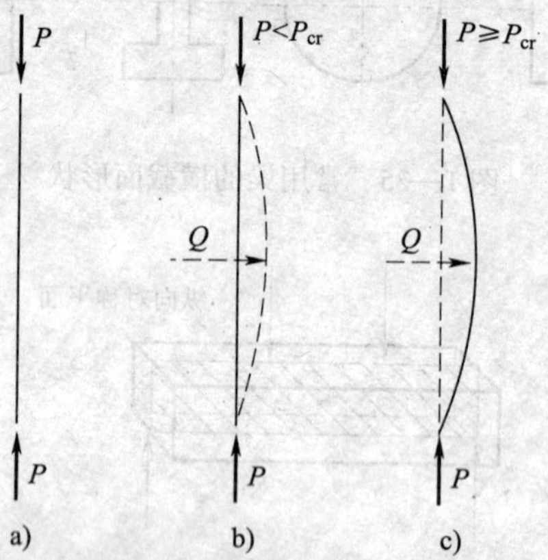

图 1—27　细长压杆的失稳过程

当压力 P 超过某一数值时，钢管在横向干扰力作用下发生弯曲，当去除干扰力后，钢管就不能恢复到原来的直线形状，而在弯曲状态下保持新的平衡，如图 1—27c 所示。此时钢管的平衡状态称为不稳定平衡。

随着压力 P 的逐渐增大，钢管就会从稳定平衡状态过渡到不稳定平衡状态。钢管处于由稳定平衡过渡到不稳定平衡的临界状态时，作用于钢管上的压力称为临界力，以 P_{cr} 表示。

对于脚手架钢管，当 $P < P_{cr}$ 时，处于稳定平衡状态；当 $P = P_{cr}$ 时，处于临界状态；当 $P > P_{cr}$ 时，处于不稳定平衡状态。

实验证明，压杆临界力 P_{cr} 的大小与杆件的抗弯刚度成正比，与杆长的平方成反比。也就是说，压杆越细长，其临界力越小，压杆越容易失稳。

四、结构几何稳定性

脚手架是由杆件相互连接而组成体系来承受荷载的。设计时，必须保持结构自身的几何形状和位置。因此，由杆件组成体系时，并不是无论怎样组合都能作为脚手架使用。例如，图1—28a 所示是一个由两根连杆与基础组成的铰接三角形，在荷载的作用下，其几何形状和位置保持不变，可以作为工程结构使用；图 1—28b 所示是一个铰接四边形，受荷载作用后容易倾斜（如图中虚线所示），则不能作为工程结构使用；但如果在铰接四边形中加斜杆，构成如图 1—28c 所示的铰接三角形体系，就可以保持其几何形状和位置不变，从而可以作为工程结构使用。

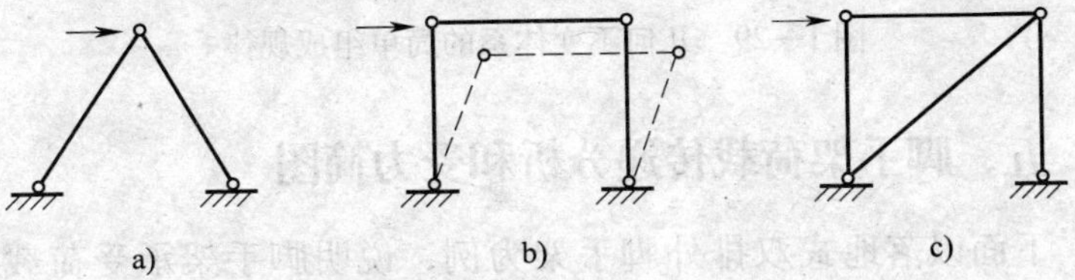

图 1—28　由杆件组成的体系

a）、c）几何不变体系　b）几何可变体系

由杆件组成的体系可以分为两类：

1. 几何不变体系

在不考虑材料应变的条件下，几何形状和位置保持不变的体系称几何不变体系，如图 1—28 a、c 所示。

几何不变体系的简单组成规律：

（1）一个点和一个刚片用两根不共线的连杆相连，组成几何不变体系（见图 1—29 a）。

（2）两刚片用一个铰链和一根连杆相连，且铰链和连杆不在同一直线上，组成几何不变体系（见图 1—29 b）。

（3）三刚片用三个不共线的铰链两两相连，组成几何不变体系，这种几何不变体系称为铰接三角形（见图 1—29 c）。

2. 几何可变体系

在不考虑材料应变的条件下，几何形状和位置可以改变的体系称几何可变体系，如图 1—28 b 所示。

在进行几何体系分析时，由于不考虑材料的应变，因而组成结构的某一杆件或者已经判明是几何不变的部分，均可视为刚片。

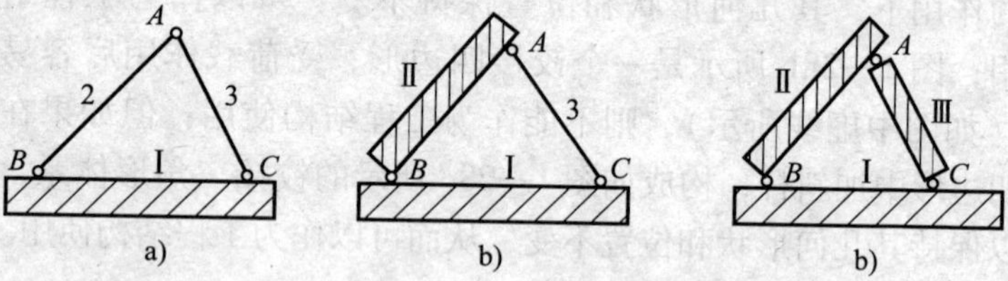

图 1—29　几何不变体系的简单组成规律

五、脚手架荷载传递分析和受力简图

下面以落地式双排外脚手架为例，说明脚手架承受荷载的状况。

钢管脚手架的垂直荷载由横向、纵向水平杆和立杆组成的构架承受，并通过立杆传递给基础。设置剪刀撑、斜撑和连墙杆的目的主要是保证脚手架的整体刚度和稳定性，加强抵抗垂直力和水平力作用的能力，连墙杆承受全部的风荷载，扣件则是脚手架整体的连接件和传力件。

1．垂直荷载

（1）永久荷载

主要是指立杆、横向及纵向水平杆、斜撑（或剪刀撑）、扣件、脚手板、安全网和栏杆等各构件的质量。

（2）可变荷载

主要是指放置在脚手板上的堆砖（或混凝土、模板、钢筋和安装件等）、运输车辆（包括所装物件）和作业人员等的质量及施工产生的动荷载。

（3）荷载的传递

按不同的脚手板铺设情况，脚手架上的施工荷载的传递路线有以下两种：

1）当采用冲压钢脚手板、木脚手板、竹串片脚手板时，脚手板一般铺在横向水平杆上，如图 1—30a 所示，这是我国北方地区的常用做法。此时，根据脚手板的长度及其搭界要求，脚手架应加密布置横向水平杆，如图 1—31 所示。

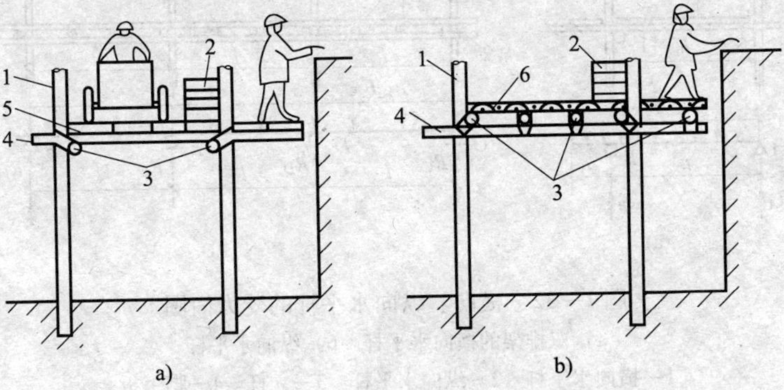

图 1—30　脚手板的铺设情况

a）冲压钢脚手板的铺设　b）竹笆脚手板的铺设

1—立杆　2—四层侧立砖　3—纵向水平杆　4—横向水平杆

5—冲压钢脚手板　6—竹笆脚手板

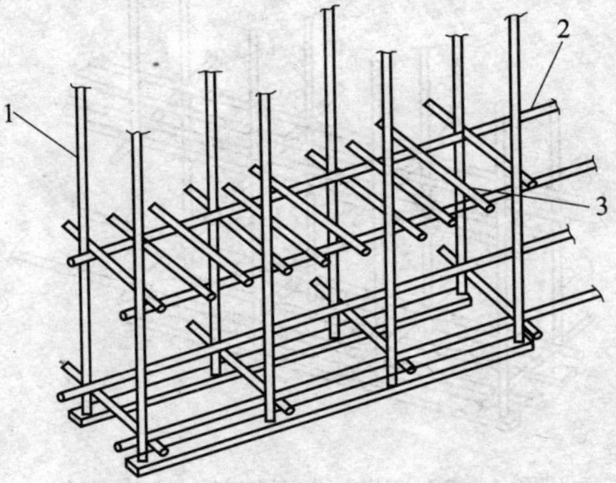

图 1—31　横向水平杆的加密布置

1—立杆　2—纵向水平杆　3—横向水平杆

施工荷载的传递路线：脚手板→横向水平杆→纵向水平杆→纵向水平杆与立柱连接的扣件→立杆。对应这种传递路线的横向、纵向水平杆的受力简图如图 1—32 所示。

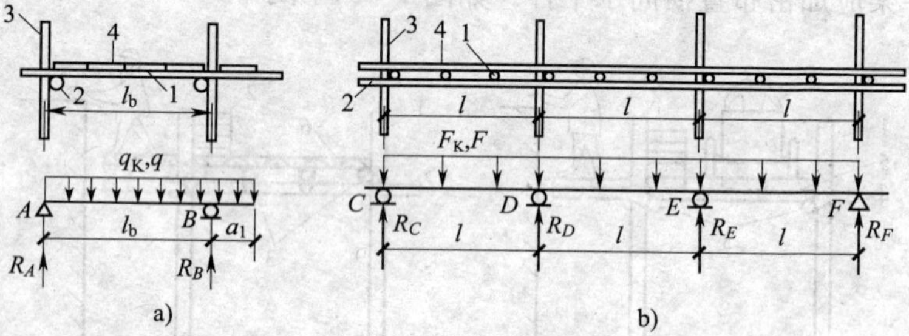

图 1—32　横向、纵向水平杆的受力简图

a）双排架的横向水平杆　b）纵向水平杆

1—横向水平杆　2—纵向水平杆　3—立杆　4—脚手板

2）当采用竹笆脚手板时，脚手板一般铺在纵向水平杆上，如图 1—30b 所示，这是我国南方地区的常用做法。此时，脚手架应加密布置纵向水平杆，如图 1—33 所示。

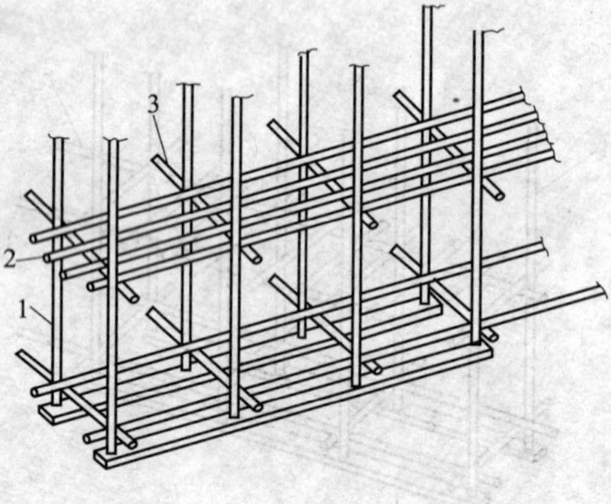

图 1—33　纵向水平杆的加密布置

1—立杆　2—纵向水平杆　3—横向水平杆

施工荷载的传递路线：竹笆脚手板→纵向水平杆→横向水平杆→横向水平杆与立柱的连接扣件→立杆。对应这种传递路线的纵向、横向水平杆的受力简图如图1—34所示。

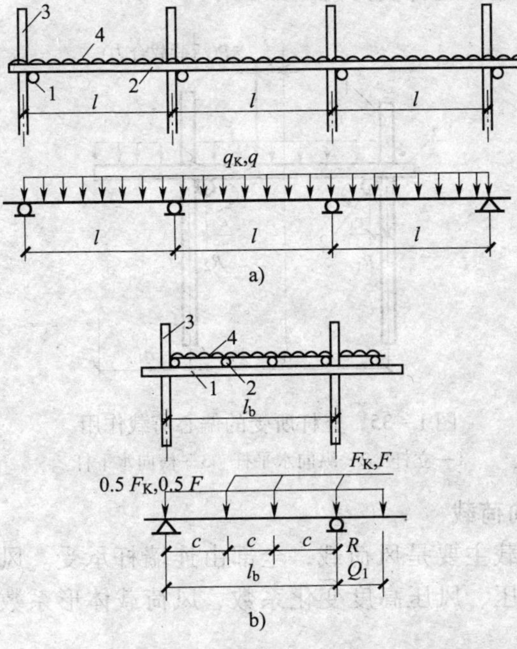

图1—34　纵向、横向水平杆的受力简图

a）纵向水平杆　b）双排架的横向水平杆

1—横向水平杆　2—纵向水平杆　3—立杆　4—竹笆板

（4）施工荷载值

了解施工荷载的传递过程后，关键是要确定作用在脚手架上的施工荷载的大小。砌筑用脚手架安全技术规范中规定为 $3\ kN/m^2$。另外，为了明确 $3\ kN/m^2$ 荷载值的含义，相应指明脚手架上的堆砖荷载不能超过单行侧放4层。

（5）立杆受力情况

钢管脚手架的垂直荷载由横向、纵向水平杆和立杆组成的构架承受，并通过立杆传给基础。立杆除自重为轴心荷载外，其他杆件自重和施工荷载均通过连接扣件传给立杆，荷载作用点与立杆轴线间具有约 53 mm 的偏心矩，此偏心矩对立杆的稳定有一定影响。立杆受力简图如图 1—35 所示。

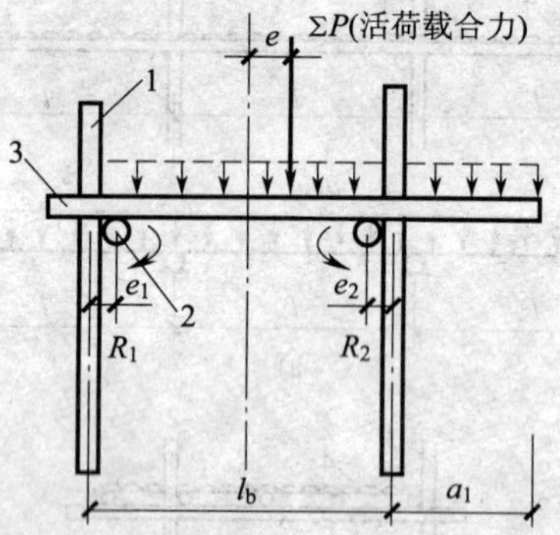

图 1—35　立杆所受的偏心荷载作用

1—立杆　2—纵向水平杆　3—横向水平杆

2. 横向荷载

横向荷载主要是风荷载，全部由连墙杆承受。风荷载的大小与基本风压、风压高度变化系数、风荷载体形系数和风振系数有关。

第三节　建筑识图

一、识图基本知识

1. 民用建筑的组成

建筑是构造复杂的人工产品，不同的构造在建筑的不同部位发挥着不同的作用。研究这些构造的工作机理和组成是建造和使用建筑物的基础。民用建筑通常由基础、墙体和柱、楼板层和地坪、楼梯、屋顶、门与窗等主要部分组成，如图1—36所示。除了上述几个主要组成部分之外，不同的建筑还有一些附属的构件和配件，如阳台、雨篷、台阶、散水、通风道等。这些构配件也可以称为建筑的次要组成部分。

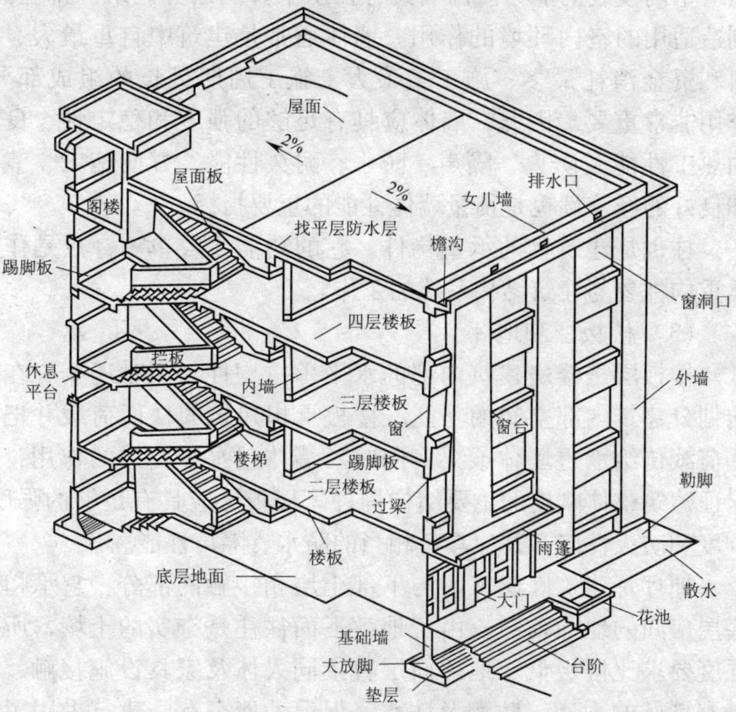

图1—36　民用建筑的组成图

（1）基础

基础是建筑得以立足的根基，是建筑物最底部的承重构件，承担建筑的全部荷载，并把这些荷载有效地传给地基。基础作为建筑重要的构造组成部分和结构构件，应具有足够的强度、刚度及耐久性，并能抵抗地下各种不良因素的侵袭。

（2）墙体和柱

墙体是建筑的围护、分隔或承重构件，也是建筑物最重要的组成部分。当墙体具有承重要求时，它承担屋顶和楼板层传来的全部荷载，并把它们传递给基础。外墙是建筑围护结构的主体，起到划分室内外环境的作用，应具备抵御自然界各种因素对室内侵袭的能力。内墙具有在水平方向划分建筑内部空间、创造适用的室内环境的作用。墙体通常是建筑中自重最大、材料和资金消耗最多、施工量最大、施工周期最长的组成部分，作用非常重要。因此，墙体应具有足够的强度和稳定性、良好的热工性能及防火、隔声、防水、耐久性能，方便施工、节能和良好的经济性也是衡量墙体性能的重要指标。

柱也是建筑物的承重构件，它的功能比较单一，只是作为承重构件参与建筑结构系统的工作。

（3）楼板层和地坪

楼板层是楼房建筑内部的水平承重构件，同时还兼有在竖向划分建筑内部空间的功能。楼板承担建筑的楼面荷载并把这些荷载传给承重墙体或梁，同时对墙体起水平支撑的作用，是保证建筑整体刚度的重要结构构件。楼板层应具有足够的强度、刚度和防火性能，并应具备相当的防水、隔声性能。

地坪是建筑底层房间与下部土层相接触的部分，它承担着底层房间的地面荷载。由于地坪下面往往是夯实的土壤，所以强度要求比楼板低。地坪面层直接同人体及家具设施接触，要具有良好的耐磨、防潮及防水、保温性能。有些建筑采用了架空地坪，此时地坪与楼板基本相同。

（4）楼梯

楼梯是楼房建筑中联系上下各层的垂直交通设施，平时供人们通行使用，在特殊情况下供人们紧急疏散，是关系到建筑日常使用和非常时刻安全性的重要构件，始终得到建设单位、设计单位和消防管理部门的重视。楼梯关系到建筑使用的安全性，因此在宽度、坡度、数量、位置、布局形式、细部构造及防火性能等方面均有严格的要求。

根据建筑高度、层数以及功能的变化，目前有许多建筑平时的垂直交通是依靠电梯、自动扶梯等设备来解决的，但这些设备要依靠电力拖动，而且还要考虑维修和故障的问题，因此楼梯仍是建筑当中不可替代的垂直交通设施。

（5）屋顶

屋顶是建筑顶部的承重和围护构件，一般由屋面层、保温（隔热）层和承重结构三部分组成，其中，承重结构要满足承担屋面荷载和自重的要求，而屋面层和保温（隔热）层则应具有抵御自然界不利因素侵袭的能力。由于屋顶位于建筑的最顶部，因此它的自重、施工的便利程度以及可靠性也是人们十分关心的问题。

屋顶又是建筑体系和立面的重要组成部分，被称为建筑的“第五立面”，对建筑的立面效果的外观轮廓影响较大。因此，屋顶的造型也应得到足够的重视。

（6）门与窗

门主要供人们进出建筑以及在建筑内部各空间通行和搬运家具、设备使用，同时还兼有分隔房间、采光通风和围护的作用。由于门是人及家具、设备进出建筑和房间的通道，因此要满足交通和疏散的要求，应有足够的宽度和高度，其数量、位置和开启方式也应充分考虑使用要求，并应符合有关规范的规定。

窗的作用主要是采光、通风和眺望，同时也是围护结构的一部分，并且在建筑的立面形象中也占有相当重要的地位，对建筑的空间效果影响较大。由于制作窗的材料往往比较脆弱和单薄、造价较高，同时窗又是围护结构的薄弱环节，因此在寒冷和严寒地区应合理控制开窗的面积。改善窗的热工性能也是建筑节能的重要内容。

2. 建筑制图标准

建筑工程图用以表达建筑物的建筑结构和设备等方面的设计内容和技术要求，是施工的主要依据。为了使建筑制图表达规范，图面清晰，以利于交流技术、提高设计和施工效率，国家对于建筑工程图的规格、字体、线条、比例、尺寸和标高的注法、图例及各种代号、标志等均作了统一规定。

3. 建筑工程图的种类

（1）建筑总平面图

建筑总平面图是说明建筑区域整体布局的图样，应标出建筑物的外形、各建筑物之间的平面关系、建筑物周围的地理环境、与原有建筑物及道路的关系，以及建成后的道路、水源、电源、排水干线的位置。有的总图上还应标出等高线、坐标网、控制点等标志。为了说明建筑物的朝向和方位，还应用指北针加以标志。

（2）建筑施工图

建筑施工图一般包括建筑物的平面图、立面图、剖面图、建筑详图（或称建筑大样图、节点大样图）以及材料做法表或文字说明。

建筑施工图是指导施工的重要图样，一般说明建筑物的规模、尺寸、细部构造等，以及轴线的编号。这类图样的编号常写为“建施×”，也有用汉语拼音字母“J”来代表建筑施工图的。

（3）结构施工图

结构施工图是说明建筑物骨架结构的类型与尺寸、使用材料及构件节点详图的图样。图样编号通常写为“结施×”，也有用汉语拼音字母“G”来表示的。结构施工图包括平面布置图、剖面图、构件详图以及说明等。

（4）暖卫施工图

这类图样一般表示暖气、燃气、给排水、通风、卫生设备等构造的情况。它包括平面图、立面图、透视图、详图等。图样编号常写为“暖施×”。

（5）电气施工图

电气施工图是表示建筑物内外的电气设备、线路走向、材料规格与数量，以及安装方法的图样，包括平面图、系统图、详图等。图样的编号常写为“电施×”。

4. 识图的一般步骤

要看懂建筑工程图，应掌握扎实的基本功，了解建筑工程图画法的规定，熟悉房屋的建筑构造知识和施工方法，牢记建筑工程图中常用的图例和符号。识图的总体原则是从粗到细、从大到小、建筑结构相互对照。

识图的大致步骤如下：

（1）整理图样

根据图样目录及图号整理图样，看是否齐全有序。

（2）大致浏览

按图样目录的先后顺序大致浏览一遍，以便于了解工程的概貌，了解建筑的主要特点和关键部位，并在脑海中建立所建工程的基本形象。

（3）对照研读

在已有的工程概貌基础上，再细致深入地看图。一般先看建筑施工图，后看结构施工图，最后看水电安装施工图等。特别应注意图样之间的对照比较，对一些细部结构应仔细了解清楚。对图样上的有关资料和数字应互相进行核对，看有无出入。

（4）图样会审

在工程开工之前，建设单位、设计单位和施工单位要共同进行图样会审。会审是为了在开工之前全面地审查图样，设计单位负责修改设计中的错误和不合理部分。会审记录、设计核定单、隐蔽工程签证等均为重要的技术文件，应妥善保管，以作为施工结算的依据。

二、建筑施工图的识读

建筑施工图主要表明建筑物的外部形状、尺寸、内部布置和装饰构造等情况。建筑施工图包括首页图、总平面图、平面图、立面图、剖面图以及建筑详图等。

1. 首页图和总平面图

(1) 首页图

在整套施工图样中，常常有一张首页图。首页图中列出整套图样的图样目录、标准图集目录、门窗明细表等，有的还写出了工程设计说明和有关的建筑经济指标等。

首页图主要以文字和表格描述所要表达的内容。通过阅读首页图，了解该套图样的设计单位、工程名称、设计号等内容，并对整套图样进行整理，看是否齐全。首页图中有设计说明的，还要通过阅读，了解该工程的工程概况、结构特征和构造做法等。

(2) 总平面图

总平面图用以表达一项工程的总体布局，说明新建工程的平面形式、标高、层数、与原有建筑物的关系，以及道路、绿化、地形、地貌等情况。

总平面图是建筑定位、施工放线和施工现场平面布置的重要依据。图 1—37 所示为某工程总平面图。

总平面图的主要内容有：

1）表明新建区的总体布局。如用地范围和红线，各建筑物及构筑物的位置和道路、管网的布置等。

2）确定建筑物的平面位置，一般根据原有房屋或道路定位或用坐标法定位。

3）标明建筑物的绝对标高和室外地坪标高。

4）用指北针表示建筑物的朝向或用风向频率玫瑰图同时表示常年风向频率和风速。

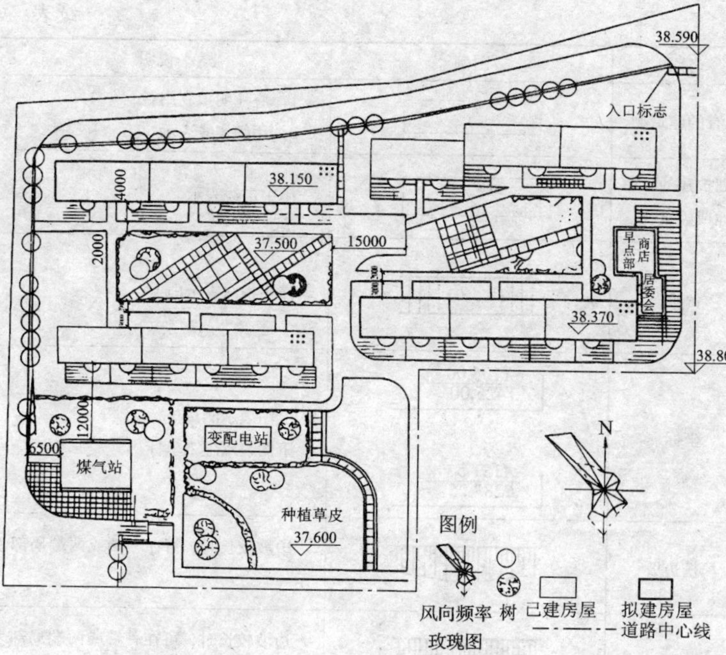

图 1—37　总平面图（1∶500）

5）用等高线表示地形起伏情况。

6）根据工程的需要，有时还有水、暖、电等管线总平面图，各种管线综合布置图，竖向设计图，道路纵横剖面图及绿化庭院布置图等。

总平面图的内容多数是用图例表达的。常用总平面图图例见表 1—1。

表 1—1　　　常用总平面图图例

名称	图例	说明
新建的建筑物	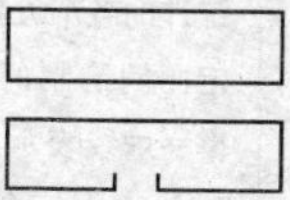	1. 上图为不画出入口图例，下图为画出入口图例 2. 需要时，可在图形内右上角以点数或数字（高层宜用数字）表示层数 3. 用粗实线表示

名称	图例	说明
原有的建筑物	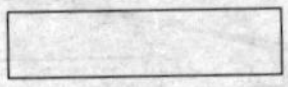	1. 应注明拟利用者 2. 用细实线表示
计划扩建的预留地或建筑物		用中虚线表示
台阶	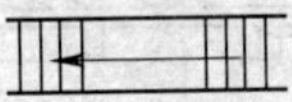	箭头指向表示向上
坐标	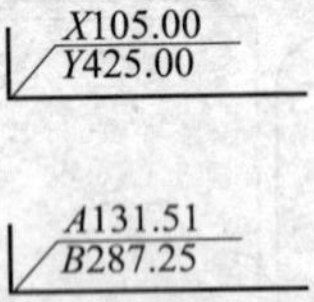	上图表示测量坐标 下图表示施工坐标
填挖边坡		边坡较长时，可在一端或两端局部表示
护坡		边坡较长时，可在一端或两端局部表示
室内标高	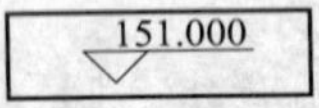	
室外标高		
指北针		指北针圆圈直径一般以 24 mm 为宜，指北针下端的宽度约为直径的 1/8
风向频率玫瑰图	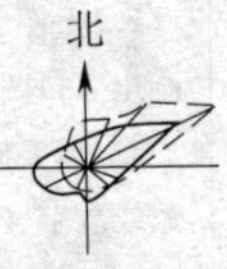	风向频率玫瑰图是根据当地多年平均统计的各个方向吹风次数的百分数按一定比例绘制的，实线表示全年风向频率；虚线表示夏季风向频率，按 6 月、7 月、8 月三个月统计

续表

名称	图例	说明
拆除的建筑物		用细实线表示
新建的地下建筑物或构筑物	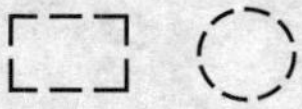	用粗虚线表示
建筑物下面的通道		
散状材料露天堆场	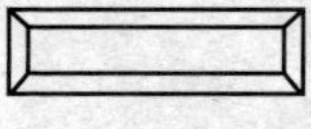	需要时可注明材料名称
其他材料露天堆场或露天作业场	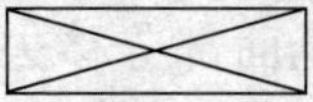	需要时可注明材料名称
铺砌场地	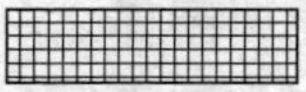	
烟囱		实线为烟囱下部直径、虚线为基础，必要时可注写烟囱高度和上、下口直径
围墙及大门	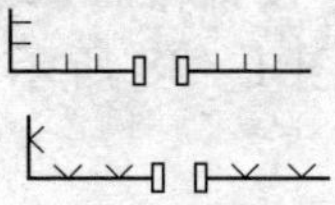	上图为砌石、混凝土或金属材料的围墙；下图为镀锌铁丝网、篱笆等围墙，如仅表示围墙时可不画大门
挡土墙		被挡土在“突出”的一侧

有的总平面图上还有文字说明，主要用于说明一些不易用图形表达的内容或是对图上一些内容的补充说明或定位方式等。

总平面图的识读应注意以下几点：

1）熟悉图例，弄清图上各种符号所表达的意思。

2）如有文字说明，应对照图样仔细阅读。

3）了解建筑地段的地形，查看用地范围、建筑物的布置、周围环境、道路布置和地面排水情况。

4）查看新建筑物的坐落位置、形式、图样比例、地坪标高及室内外高差。

5）查找定位依据。定位方法主要有根据已有建筑物定位和根据坐标定位。

6）有条件或必要的话，应实地观察了解用地范围内地上、地下的设施，地形地貌和障碍物等。根据水源、电源等情况考虑施工准备工作。

2. 建筑平面图

建筑平面图简称平面图，是用一个假想的水平面在比窗台略高的位置作剖切，将建筑物的上面部分移去，然后对下面部分向下正投影所得到的水平投影图。

建筑平面图是建筑施工图的主要图样之一，用于在施工过程中放线、砌墙、安装门窗、做室内装修等。编制预算、备料等也都要以平面图作为依据。

建筑平面图主要用以表明建筑物各层的平面形状、尺寸、内部布置、门窗位置及开启方向、楼梯位置及形式、墙体厚度、楼地面及屋面构造做法等内容。图 1—38 所示为某住宅标准楼层平面图。

识读建筑平面图，应了解如下内容：

（1）图名

建筑平面图一般按其所表明的层间的层数来命名，如底层平面图、二层平面图等。对于平面布置相同的数层，可用一个平面图表达，称为标准层平面图。除此之外，还有屋顶平面图（它是屋顶面的水平投影图）。图名应标注在平面图的下方。

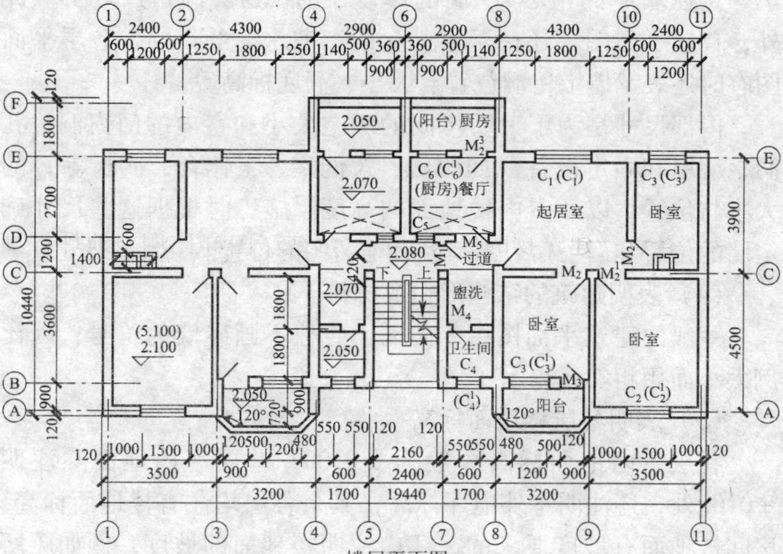

图 1—38　标准楼层平面图（1∶100）

（2）建筑物的形状、内部布局及朝向

包括建筑物的平面形状、占地面积、各种房间的安排及它们之间的关系。一般，平面图中均注明房间的名称或编号。首层平面图中还标注指北针，表明建筑物的朝向。

（3）建筑物的尺寸

在建筑平面图中用轴线和尺寸表示各部分长、宽方向的准确位置。平面图上所标注的尺寸以“mm”为单位，但标高以“m”为单位。

平面图上须注有外部尺寸和内部尺寸。

外部尺寸一般分三道尺寸线标注：第一道尺寸线是外墙总尺寸，表明建筑物总长度、总宽度；第二道尺寸线是轴线尺寸，表明开间和进深尺寸；第三道尺寸线表明门、窗、洞口、墙垛、墙的厚度等详细尺寸。内部尺寸须注明墙与轴线的关系（轴线不一定在墙厚的中心）、墙的厚度、门、窗、洞口尺寸等。此外，首层平面图上还标示室外台阶、散水等的尺寸，各层平面图有时还表示墙上留洞位置、大小、洞底标高等。

内部尺寸是为了说明房间的净空大小和室内的门窗洞、孔洞、墙厚和固定设备（如厕所、盥洗室、工作台、搁板等）的大小与位置，以及室内楼地面的高度。施工时根据这些尺寸确定墙的位置和门、窗、洞口及其他留洞的位置。

（4）表明建筑的结构形式及材料

一般的建筑平面图中，砖墙、砖柱不画砖墙的符号，因比例太小而用粗实线表示。

（5）表明各层楼地面标高

首层室内地面标高一般为 ±0.00，首层室内地面除注明±0.00外，还注明室外地坪标高，其余各层均注有楼地面标高。房间楼地面有坡度要求的，还应注明楼地面的坡度，例如厕所楼地面。

（6）了解门窗的位置和编号

门窗在建筑平面图中只能反映出它们的位置、数量和宽度，而它们的高度、材料和构造等情况是无法表达清楚的。为了便于识读，故在图中采用专门的代号标注，并加注编号加以区分，一般每个工程的门窗的编号、代号、高宽尺寸、数量等都由汇总表说明。

（7）了解楼梯的布置情况

在图中，通常都会表明楼梯的位置、起步方向、上下行方向、踏步级数、梯宽、平台宽和栏杆位置等内容。

（8）了解剖面图的剖切位置

在底层平面图中，通常都用剖切符号将建筑剖面图的剖切位置表示出来，以便了解剖面图的剖视方向。

（9）了解室内装修做法

包括室内楼地面、墙面及顶棚等处的材料及做法。一般简单的装修在平面图内直接用文字注明，但较复杂的装修则另列房间明细表和材料做法表或另画建筑装修图。

（10）了解屋顶部位的设施和建筑构造情况

通过屋顶建筑平面图，可以了解屋顶上的天窗、水箱、电梯机房、屋面出入口、女儿墙及屋面变形缝等设施和屋顶排水分区、排水方向、坡度及檐沟、泛水、雨水口等的位置、尺寸、用料以及构造等情况。

（11）了解图中综合反映的其他各工种（水、暖、电等）对土建的要求

如各专业要求的设备基础、坑台、水池、地沟、电闸箱、消火栓、雨水管等，以及基础或楼板上的预留洞在图中的位置及尺寸。

3. 建筑立面图

建筑立面图是对建筑物的外立面进行投影所得到的投影图。按建筑物的立面朝向，将立面图分为东立面图、南立面图等。立面图应当包括在投影面上可见的一切形状及构造，如建筑外部轮廓、外部造型、门窗位置及形式；阳台、雨篷、室外台阶、花池、坡道等的位置及形式，外部装饰做法和必要的尺寸与标高等，如图1—39所示。

识读立面图，主要从以下方面着手：

（1）从图名或轴线的编号了解该图是哪个方向的立面图。

（2）从立面图上了解房屋层数、长度和高度，该立面上门窗数量和位置、大小。此外，图中还绘制出勒脚、门窗、雨篷、阳台、室外台阶、墙、柱、檐口、屋顶（女儿墙）、雨水管、墙面分格线或其他装饰构件等。立面图还反映出建筑物的外貌形式，体现设计者的艺术要求。

（3）立面图上通常只标注标高。所注尺寸为外墙各主要部位的标高，如室外地坪、出入口地坪、窗台、门窗顶、阳台、雨篷、檐口、屋顶等处完成面的标高。

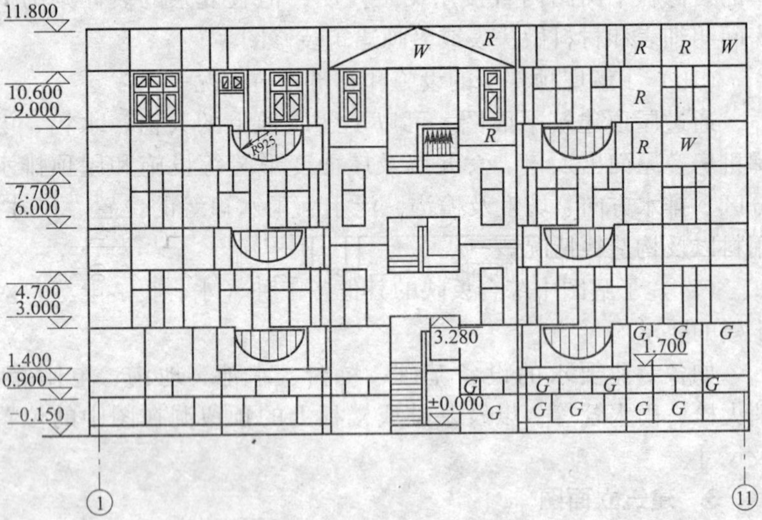

图 1—39　立面图

（4）立面图还常标出各部分构造、装饰节点详图的索引符号，甚至用图例、文字或列表说明外墙面的装修材料及做法。如图 1—39 中的 *G*、*R*、*W* 分别表示其各部分的装修做法。

4. 建筑剖面图

建筑剖面图是用一个假想的铅垂平面（或几个相交的铅垂平面）在建筑物平面组合较为复杂的部位作剖切，将不需要剖视的部分移去，然后对需要剖视的部分作正投影所得到的垂直投影图。

剖面图用以表示房屋内部的结构或构造方式、屋面形状、分层情况和各部位的联系、材料及其高度等。剖面图与平面图、立面图互相配合，是不可缺少的重要图样之一，常作为室内装修、编制预算、施工备料的重要依据。采用的比例一般也与平面图、立面图一致。

剖面图的数量是根据房屋结构的复杂情况和施工实际需要而决定的。剖切一般为横向（即垂直于屋脊线方向），必要时也可纵向（即平行于屋脊线方向）。剖面图的图名应与平面图上所标注剖切位置线的编号一致。习惯上剖面图上不画出基础，而在基础墙部位用折断线断开。图 1—40 所示为某住宅的剖面图。

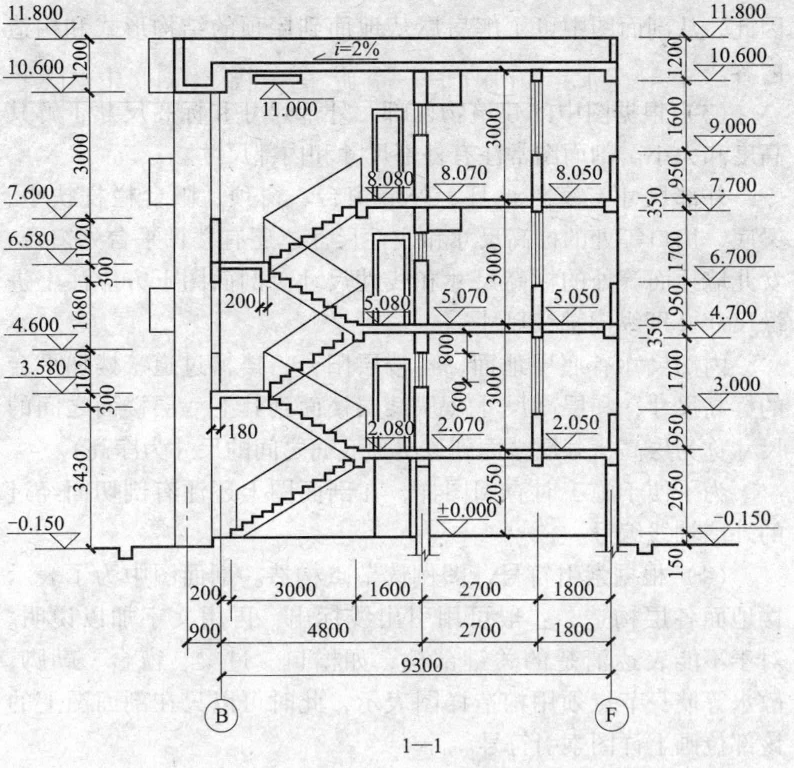

图 1—40　剖面图

识读建筑剖面图时，应掌握如下内容：

（1）根据图名以及图中的轴线编号与平面图上的剖切位置线、轴线编号相对应的关系，确定剖切位置，区分剖到与看到的各部位。

（2）读懂地面、楼面、屋面的形状、构造。建筑剖面图中表示出了室内底层地面、地坑、地沟、各层楼面、顶棚、屋顶（包括檐口、女儿墙、隔热层或保温层、天窗、烟囱、水池等）、门窗、楼梯、阳台、雨篷、留洞、墙裙、踢脚板、防潮层、室外地面、散水、排水沟及其他装修等剖切到或能见到的内容。因此，从剖面图中可了解房屋从地面到屋顶的结构形式和构造内容。

（3）根据图中的建筑物内部、外部尺寸和标高尺寸了解其高度和大小。剖面图常注有外部尺寸和内部尺寸。

外部尺寸有室外地坪、外墙窗台、窗顶、阳台栏杆扶手、梁底、檐口等处的标高尺寸和线性尺寸，还有楼梯平台处窗台、女儿墙顶面等处的标高尺寸和线性尺寸。剖面图下方应注上进深尺寸（即纵向轴线尺寸）。

内部尺寸有底层地面、各楼层阳台、楼梯过道、楼梯平台的标高尺寸，和层高尺寸（从某层楼面到其上一层楼面之间的尺寸称为层高，某层楼面到该层顶底面之间的尺寸为净高）。

为了便于施工时查阅图样，在剖面图上还注有剖切面经过的外墙轴线编号。

（4）根据索引符号、图例读节点构造。剖面图中为了表示楼地面各层构造，一般可用引出线标出，再用文字加以说明。对于不能表达清楚的关键部位，如檐口、过梁、窗台、勒脚、散水等墙身节点须用构造详图表示，此时可以只在剖面图上的该部位画上详图索引符号。

5. 建筑详图

以上所介绍的图样都是建筑施工图的基本图样，为了进一步表达某些局部的详细构造、做法及施工要求，还需要绘制建筑详图。所谓建筑详图，就是对房屋的细部或构配件用放大比例将其形状大小、材料和做法，按正投影图的画法，详细地画出来的图样，简称详图。建筑详图是施工的重要依据，一幢房屋施工图通常需绘制如下几种详图：楼梯间详图、外墙详图

（又称为主墙剖面详图）、阳台详图、厨厕详图、门窗和壁柜详图等。

三、结构施工图

在房屋设计中，除要进行建筑设计并画出建筑施工图外，还要进行结构设计，也就是根据建筑设计各方面的要求及地质资料进行结构平面布置、各承重构件（梁、板、墙、柱及基础等）的力学计算，并在计算的基础上决定它们的材料、形状、尺寸和内部构造，最后把设计结果绘成图样，这样的图样称为结构施工图，简称结施图。结施图主要用于指导施工，编制预算。结施图的内容有结构设计说明、结构布置平面图和构件详图。其中，结构布置平面图又包括基础平面图和基础详图、楼层结构平面布置图、屋面结构平面布置图。

第二章

扣件式钢管脚手架

扣件式钢管脚手架是目前我国建筑工程中应用最广泛的一种多立杆式外脚手架，其特点是杆配件数量少、装拆方便、利于施工操作、搭设灵活、能搭设高度大、坚固耐用、可多次周转。

在设计与施工中应用扣件式钢管脚手架要贯彻执行国家的技术经济政策，做到技术先进、经济合理、安全适用、确保质量。为了符合这一基本要求，扣件式钢管脚手架设计和施工要符合《建筑施工扣件式钢管脚手架安全技术规范》（JGJ 130—2001）的规定。

第一节　扣件式钢管脚手架的基本结构与构配件

一、扣件式钢管脚手架的基本结构

扣件式钢管脚手架作为外脚手架，有双排架和单排架两种搭设形式，其组成杆件有立杆、大横杆、小横杆、剪刀撑、横向斜撑、护栏、连墙杆等。

双排架扣件式钢管脚手架外立面如图 2—1 所示。

扣件式脚手架的主要构件及作用见表 2—1。

二、扣件式钢管脚手架的构造参数

扣件式钢管脚手架分敞开式脚手架和封闭式脚手架两

种，敞开式脚手架是指脚手架上仅作业层设有栏杆和挡脚板，而无其他遮挡设施的脚手架。实际工程中，特别是城市建筑工程，脚手架多做成封闭式，因封闭式脚手架要承受较大的风力，其稳定性要求高于敞开式脚手架，因此这两种脚手架的构造参数各不相同。这里主要介绍敞开式脚手架的构造参数。

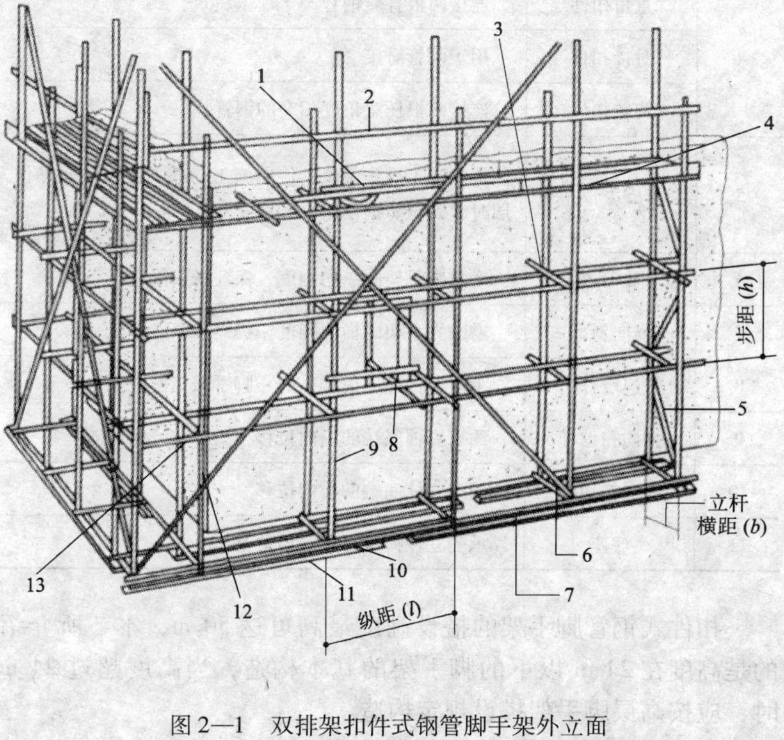

图 2—1　双排架扣件式钢管脚手架外立面

1—脚手板　2—护栏　3—横向水平杆（小横杆）　4—挡脚板
5—横向斜撑（横斜托）　6—横向扫地杆　7—纵向扫地杆
8—连墙杆　9—立杆　10—底座　11—垫板
12—纵向支撑（剪刀撑）
13—纵向水平杆（大横杆）

表 2—1　　扣件式脚手架的主要构件及作用

序号	主要构件	作用
1	立柱	传递脚手架自重、施工荷载与风荷载等荷载
2	大横杆	承受施工荷载并传递给立柱
3	小横杆	承受施工荷载并传递给立柱
4	直角扣件	连接两根直交钢管
	对接扣件	用于两管对接
	旋转扣件	连接两根任意角度相交的钢管
5	脚手板	提供施工操作条件，传递施工荷载，当设于非操作层时起安全防护作用
6	剪刀撑	增强脚手架的纵向刚度，保证承载能力
7	横向斜撑	增强脚手架的横向刚度，提高承载能力
8	连墙杆	承受、传递风荷载，防止脚手架横向失稳或倾覆
9	纵向扫地杆	约束立柱底端的纵向位移
10	横向扫地杆	约束立柱底端的横向位移
11	底座	承受立柱荷载并传递给地基

扣件式钢管脚手架的搭设高度最高可达 50 m，本节所介绍的是高度在 24 m 以下的脚手架的基本构造，当高度超过 24 m 时，应按高层脚手架搭设规定构造。

1. 敞开式双排脚手架的构造参数

敞开式双排脚手架的构造参数见表 2—2。

2. 敞开式单排脚手架的构造参数

敞开式单排脚手架的构造参数见表 2—3。

表 2—2　　敞开式双排脚手架的构造参数

连墙件设置	立杆横距（m）	步距（m）	下列荷载时的立杆纵距（m）				脚手架最大搭设高度（m）
			2+4×0.35（kN/m²）	2+2+4×0.35（kN/m²）	3+4×0.35（kN/m²）	3+2+4×0.35（kN/m²）	
两步三跨	1.05	1.20~1.35	2.0	1.8	1.5	1.5	50
		1.80	2.0	1.8	1.5	1.5	50
	1.30	1.20~1.35	1.8	1.5	1.5	1.5	50
		1.80	1.8	1.5	1.5	1.2	50
	1.55	1.20~1.35	1.8	1.5	1.5	1.5	50
		1.80	1.8	1.5	1.5	1.2	37
三步三跨	1.05	1.20~1.35	2.0	1.8	1.5	1.5	50
		1.80	2.0	1.5	1.5	1.5	34
	1.30	1.20~1.35	1.8	1.5	1.5	1.5	50
		1.80	1.8	1.5	1.5	1.2	50

注：表中所列参数为常用扣件式钢管双排脚手架参数，也是搭设脚手架的最大控制值。

表 2—3　　敞开式单排脚手架的构造参数

连墙件设置	立杆横距（m）	步距（m）	下列荷载时的立杆纵距（m）		脚手架最大搭设高度（m）
			2+2×0.35（kN/m²）	3+2×0.35（kN/m²）	
两步三跨	1.05	1.20~1.35	2.0	1.8	24
		1.8	2.0	1.8	24
三步三跨	1.30	1.20~1.80	1.8	1.5	24
		1.8	1.8	1.5	24

三、扣件式钢管脚手架的组成

扣件式钢管脚手架的主要组成包括立杆、横杆等钢管杆件和扣件、底座、脚手板等构配件。

1. 钢管杆件

钢管杆件包括立杆、纵向水平杆（大横杆）、横向水平杆（小横杆）、剪刀撑、横向斜撑，贴地面设置的水平杆也称扫地杆，在作业层设置的、用于拦护的水平杆也称为栏杆。

钢管杆件均采用外径48 mm、壁厚3.5 mm的焊接钢管，也可采用同样规格的无缝钢管或外径51 mm、壁厚3 mm的焊接钢管，钢管材质宜使用力学性能适中的Q235钢，其性能应符合《碳素结构钢》（GB/T 700—2006）的相应规定。用于立杆、大横杆、剪刀撑和横向斜撑的钢管长度为4～6.5 m（这样的长度一般质量为25 kg以内，适合人工操作）。用于小横杆的钢管长度为1.8～2.2 m，以适应脚手架宽度。钢管应无裂纹，表面和两端面应平整，严禁打孔，长度应便于工人装拆和运输，每根钢管的质量不应超过25 kg。常用钢管杆件有两种规格，见表2—4。

表2—4　　扣件式钢管脚手架常用钢管杆件的规格

钢管类型	截面尺寸		最大长度	
	外径（mm）	壁厚（mm）	横向水平杆（mm）	其他杆（mm）
低压流体输送用焊接钢管（YB234—63）	48	3.5	2 200	6 500
电焊钢管（YB242—63）	51	3.0	2 200	6 500

2. 扣件

脚手架的扣件是钢管杆件之间的连接件。

（1）扣件的基本形式

根据连接方式扣件可分为以下三种。

1）直角扣件，又称十字扣件，用于垂直交叉钢管的连接，如立杆与横杆的连接，如图 2—2 所示。

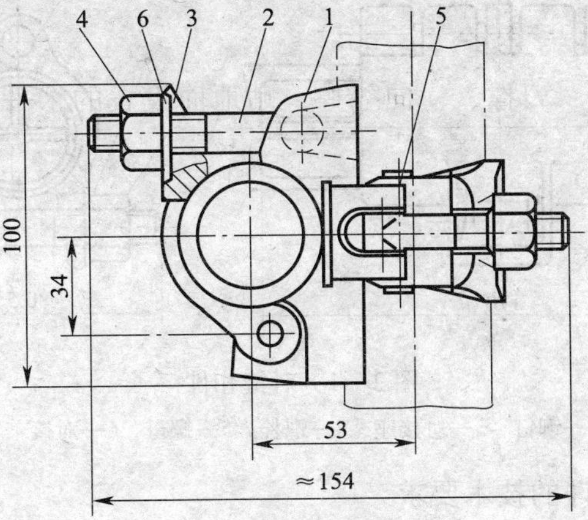

图 2—2 直角扣件

1—直角座 2—螺栓 3—盖板 4—螺母 5—销钉 6—垫圈

2）旋转扣件，又称回转扣件，用于连接两根任意角度相交钢管的连接，如立杆与剪刀撑的连接，如图 2—3 所示。

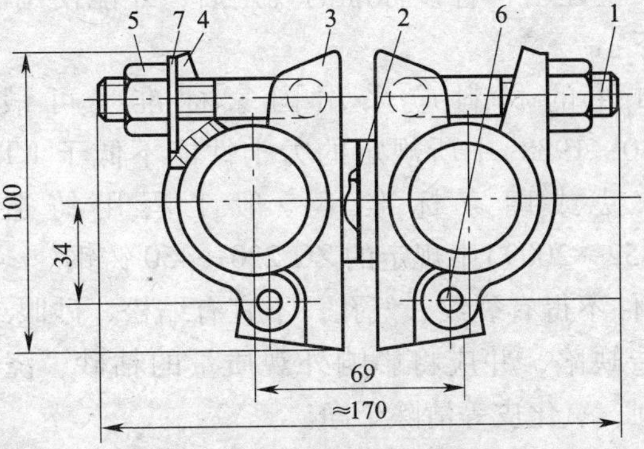

图 2—3 旋转扣件

1—螺栓 2—铆钉 3—旋转座 4—盖板 5—螺母 6—销钉 7—垫圈

3）对接扣件，又称一字扣件，用于钢管对接，如立杆、大横杆接长，如图 2—4 所示。

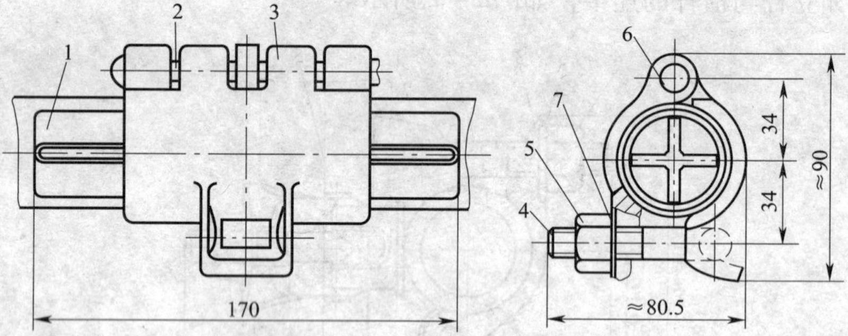

图 2—4　对接扣件

1—杆芯　2—铆钉　3—对接座　4—螺栓　5—螺母　6—对接盖　7—垫圈

（2）扣件的技术要求

扣件式钢管脚手架通常采用可锻铸铁制作的扣件，可锻铸铁扣件已有国家产品标准和专业检测单位，产品质量易于控制管理，其材质应符合现行国家标准《钢管脚手架扣件》（GB 15831—2006）的规定；若采用其他材料制作的扣件，其质量必须经实验证明符合该标准的规定后，才能使用。扣件的技术要求如下：

1）扣件的材料应采用国家标准《可锻铸铁件》（GB/T 9440—1988）中所规定的力学性能不低于 KTH 330 - 08 的可锻铸铁或国家标准《一般工程用铸造碳钢件》（GB/T 11352—2009）中规定的 ZG 230—450 铸钢。

2）铸件不得有裂纹、气孔，不宜有缩松、砂眼或其他影响使用的铸造缺陷，并应将影响外观质量的粘砂、浇冒口残余、披缝、毛刺、氧化皮等清除干净。

3）扣件用 T 形螺栓、螺母、垫圈、铆钉采用的材料应符合国家标准《碳素结构钢》（GB/T 700—2006）的有关规定。螺栓与螺母连接的螺纹均应符合国家标准《普通螺纹》（GB/T 196—2003）的规定，垫圈的厚度应符合国家标准《平垫圈　C 级》（GB/T 95—2002）的规定，铆钉应符合国家标准《半圆头铆钉》（GB/T 867—1986）的规定。T 形螺栓 M12，其总长应为（72 ±0. 5）mm，螺母对边宽应为（22 ±0. 5）mm，厚度应为（14 ±0. 5）mm。铆钉直径应为（8 ±0. 5）mm，铆接头应大于铆孔直径 1 mm，旋转扣件中心铆钉直径应为（14 ±0. 5）mm。

4）扣件与钢管的贴合面必须严格整形，应保证与钢管扣紧时接触良好。

5）扣件活动部位应能灵活转动，旋转扣件的两旋转面间隙应小于 1 mm。

6）当扣件夹紧钢管时，开口处的最小距离应不小于 5 mm。

7）扣件表面应进行防锈处理。

3. 底座

扣件式钢管脚手架的底座有可锻铸铁标准底座与焊接底座两种，可根据具体条件选用，如图 2—5 所示。

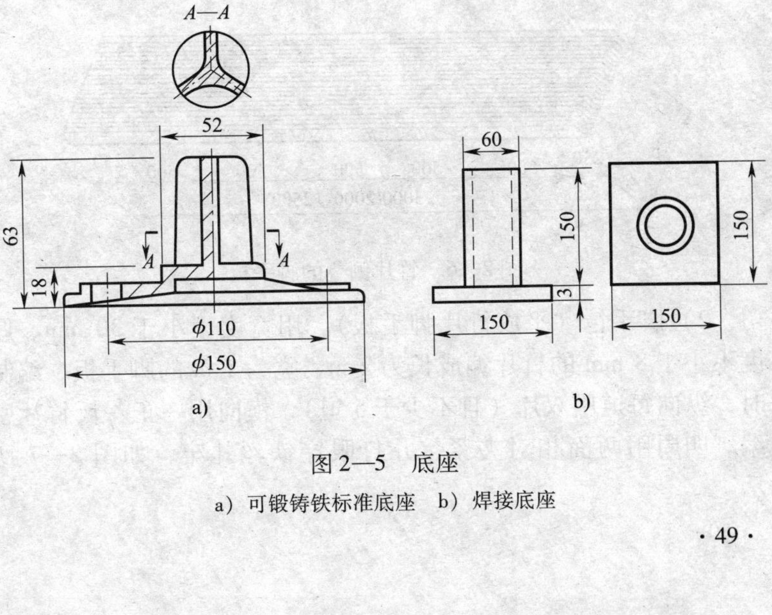

图 2—5　底座

a）可锻铸铁标准底座　b）焊接底座

4. 脚手板

脚手板铺设于架子的操作层上，供工人施工活动及堆放材料等。要求板面平整并具有足够的强度。脚手板按其所用材料不同，分为木脚手板、竹脚手板、钢脚手板、钢木脚手板、角钢框钢筋脚手板等。脚手板的厚度不宜小于 50 mm，宽度不宜小于 200 mm，每块质量不宜大于 30 kg，同时应确保材质符合规定，不得有超过规定的变形和缺陷。

(1) 木脚手板

木脚手板一般用杉木或松木制成，其材质应符合现行国家标准《木结构设计规范》（GB 50005—2003）中Ⅱ级材质的规定。

(2) 竹脚手板

竹脚手板常用材质和规格有以下几种：

1）立放（并列）竹片脚手板（竹串片脚手板）。用宽度为 50 mm 的竹片侧叠而成，沿纵向每隔 500 ~ 600 mm 用直径10 mm 的螺栓穿透拧紧，端部螺栓离板端 200 ~ 250 mm，如图 2—6 所示。

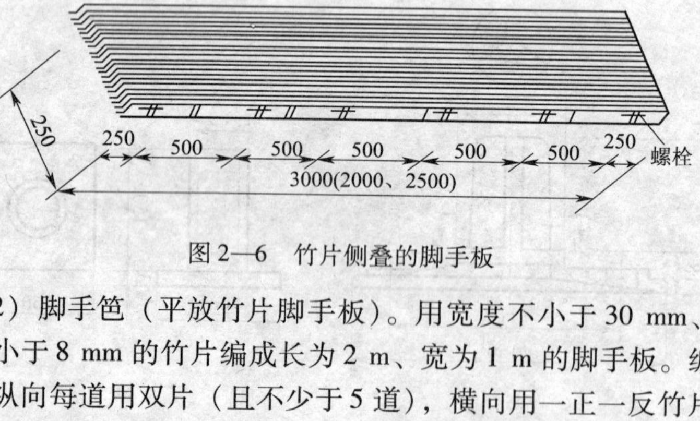

图 2—6 竹片侧叠的脚手板

2）脚手笆（平放竹片脚手板）。用宽度不小于 30 mm、厚度不小于 8 mm 的竹片编成长为 2 m、宽为 1 m 的脚手板。编制时，纵向每道用双片（且不少于 5 道），横向用一正一反竹片密编。四周用两面相对夹紧，并打眼穿铁丝扎牢，如图 2—7 所示。

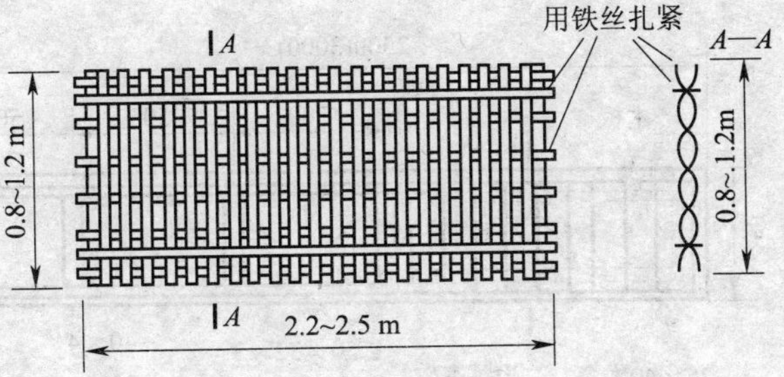

图 2—7　平放竹片脚手板

（3）钢脚手板

钢脚手板由 2 mm 钢板冲压而成。板面冲成很多圆孔，板的一端附有接头板。接头板上有套环和环孔，当两块板对头接长时，套环套入环孔中。脚手板的长度为 1.5 ~ 3.6 m，宽度为 230 ~ 250 mm，如图 2—8 所示。

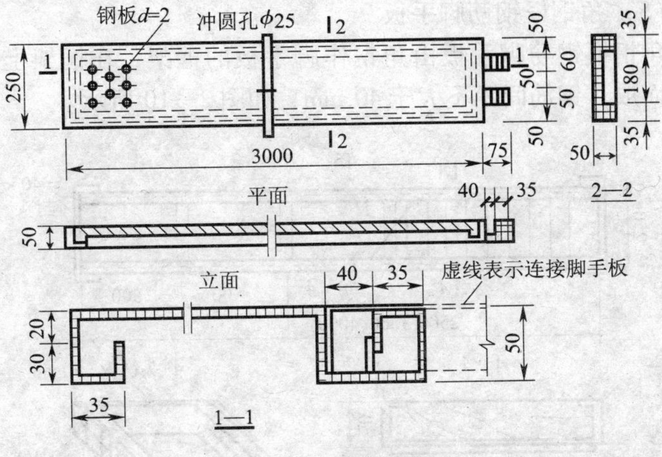

图 2—8　钢脚手板

（4）钢木脚手板

钢木脚手板是用角钢作边框，用钢筋作纵挡及横挡，中间密拼木板条的一种组合脚手板，如图 2—9 所示。

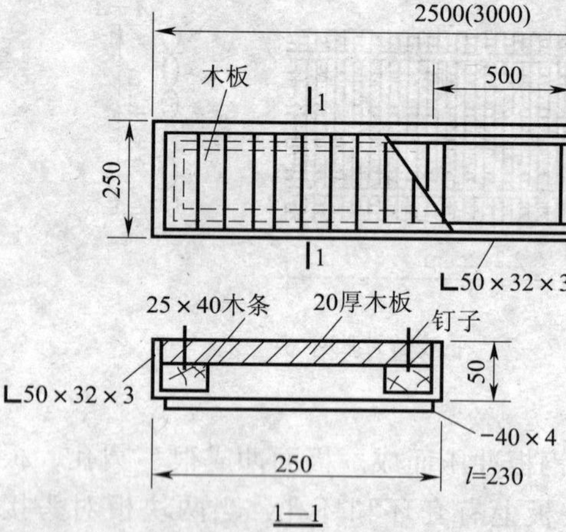

图 2—9　钢木脚手板

（5）角钢框钢筋脚手板

角钢框钢筋脚手板由角钢作脚手板的框架，在框架上焊以钢筋而成。钢筋间距不大于 40 mm，如图 2—10 所示。

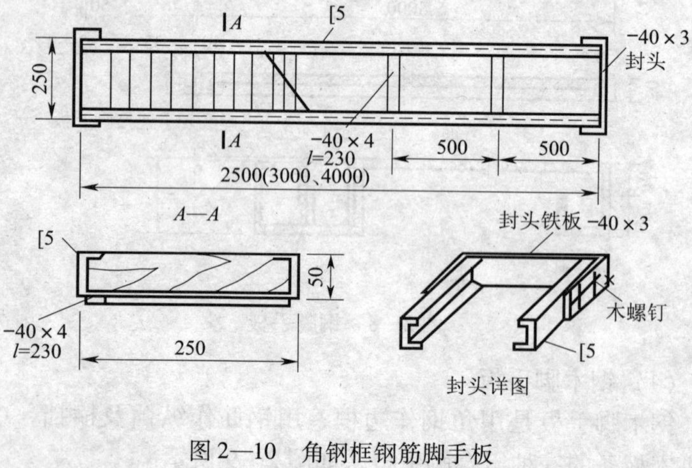

图 2—10　角钢框钢筋脚手板

5. 安全网

安全网一般由网体、边绳、系绳、筋绳、试验绳等组成。安全网分为立网、水平网两类。平网的宽度不得小于3 m，立网的高度不得小于1.2 m，每张网的质量不宜超过15 kg。

第二节 扣件式钢管脚手架的搭设

脚手架按高度不同分为普通脚手架与高层脚手架两种。一般将高度24 m以下的脚手架称为普通脚手架，高度超过24 m的脚手架称为高层脚手架。本章主要介绍高度24 m以下的落地式脚手架的搭设工作。

一、扣件式钢管脚手架的搭设

这里分前期准备工作、搭设顺序、搭设步骤三部分详细介绍扣件式脚手架搭设的整个过程。

1. 前期准备工作

（1）熟悉搭设方案，明确搭设要求

搭架以前，应参加搭架方案的技术交底会议，了解房屋主体结构、地基及主体工程施工概况，明确脚手架布置方案及技术要求。同时，要到施工现场熟悉情况，明确脚手架使用性质、使用要求以及搭设环境、架料准备、工期要求等有关情况。

（2）安全防护及搭架工具准备

作业人员应每人配备一套合格的安全防护用品（安全帽、安全带、工作服、防滑鞋等）。搭架工具根据搭架要求和现场实际情况准备。采用普通固定扳手作扣件的紧固工具时，宜事先用测力计测定操作人员的“手劲”，以便操作时掌握力度。

（3）地基处理

室外脚手架都搭设在建筑物外围。若地面平整、牢实，可在做好排水处理后，直接在地面搭设；若地基起伏较大或为回填土，则要做必要的处理。对地基起伏较大的可采用铲平、设垫块、砌垫墩等方法，也可按地面标高分为若干层，各层分别平整。而对回填土，应分层夯实并设垫块或垫板。

（4）架料检查

搭架前，对钢管、扣件、脚手板、安全网等架料进行清理检查。对于旧架料中材料的一些问题和缺陷可按表 2—5 进行检查处理，未经处理的架料不得上架使用。

表 2—5　　　　搭架前架料检查项目

序号	架料	项目	处理
1	钢管	弯曲	剔除、修整
		压扁	剔除、修整
		严重锈蚀	剔除不用
2	扣件	脆弱	剔除不用
		变形	剔除不用
		乱牙	换螺栓
3	木脚手板	腐朽、断裂	剔除不用
		变形	剔除、修整
4	竹脚手板	扭曲、变形	剔除不用
		腐朽、断裂	剔除不用
		螺栓松动	紧固修复
5	安全网	断绳、腐朽	报废
		局部松散	编织、加固

（5）立杆定位放线

根据搭设方案，确定立杆位置。先排出房屋两端及出入口处立杆位置，在墙面或地面做好标记，再依次排出其他立杆位置，并根据立杆的位置进行放线。

2．搭设顺序

扣件式钢管脚手架的搭设顺序：铺垫板、放底座、安装扫地杆→竖立杆→架设横杆→搭设连墙杆→架剪刀撑→铺脚手板、挡脚板→架安全网、安全栏杆。

以上各步骤的工作是紧密相连的。前四个步骤将独立的“杆”组成“架”，立杆与横杆几乎是同时架设。后三个步骤也可以交叉进行，如连墙杆、剪刀撑是随着架子上升逐渐搭设的，而安全栏杆也可与操作层铺板同时进行。

3．搭设步骤

（1）铺垫板、放底座、安装扫地杆

在定好的立杆位置和定位线上准确铺设垫板并放置底座，每根立杆底部都要设底座或垫板，铺放好底座后应摆放、安装扫地杆，如图 2—11 所示。扫地杆是贴近地面连接脚手架立杆根部的杆件，起稳定立杆根部的作用，有纵向扫地杆和横向扫地杆两部分。双排脚手架的内、外立杆根部均要设扫地杆。当脚手架底部标高有变化时，应将高处的扫地杆向低处延长两跨与立杆固定。

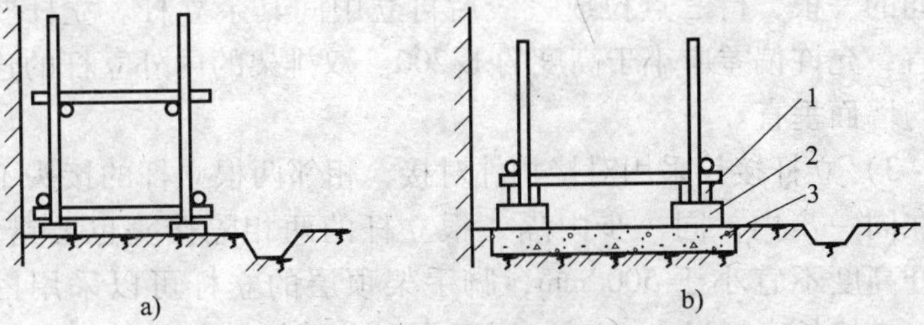

图 2—11　脚手架的定位放线

a）普通脚手架　b）高层脚手架

1—12 ~ 16 号槽钢　2—混凝土块　3—道渣

（2）竖立杆

立杆与架杆是搭架的基本工作。以小组为单位，每组3 ~ 4 人配合架设。架设时应先架内立杆后架外立杆，如图 2—12 所示。

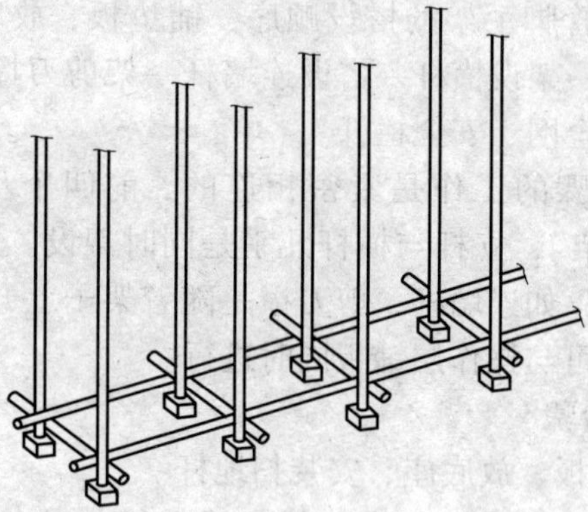

图 2—12 竖立杆

架设立杆的注意事项：

1）先搭设内立杆。内立杆应距墙 500 mm。

2）再搭设外立杆。内外立杆横距按搭架方案确定。使用钢套管底座的，要将钢管插到底座套管底部。立杆宜先立两头及中间的一根，待三点拉成一线后再立中间其余立杆。立杆要求垂直，允许偏差应小于高度的 1/200。双排架的内外立杆的连线应与墙面垂直。

3）立杆接长采用对接扣件对接，相邻两根立杆的接头不应设在同一步内，同一步内隔一根立杆的两相隔接头也要错开，错开高度不宜小于 500 mm；脚手架顶层的立杆可以采用搭接法，搭接长度超过 1 m 时，用两个以上回转扣件搭接。立杆的接长应先接外立杆，后接内立杆。

4）无论单、双排脚手架，其立杆的高度都应高出屋面女儿墙 1 m 以上。无女儿墙时，要高出檐口顶面 1.5 m 以上。

（3）架设横杆

横杆即水平杆，分为大横杆（纵向水平杆）和小横杆（横向水平杆)。

1）安装大横杆。架立杆的同时安装大横杆。大横杆要保持水平（一根杆的两端高低差最多不超过 20 mm，同跨内两根杆的高低差不大于 10 mm）。若地面有高差，应先从最低处立杆架设。

大横杆宜设在立杆内侧，其长度不宜小于三跨立杆；大横杆接长以对接为宜，也可采用搭接。对接时，两根相邻杆的接头不宜设在同一步或同一跨内，且不同步不同跨的两相邻接头应错开 500 mm 以上（见图 2—13)，对接扣件的开口方向朝内（螺栓朝上)；也可用旋转扣件搭接，其搭接长度不应小于 1 m，用不少于三个的回转扣件等间距固定。

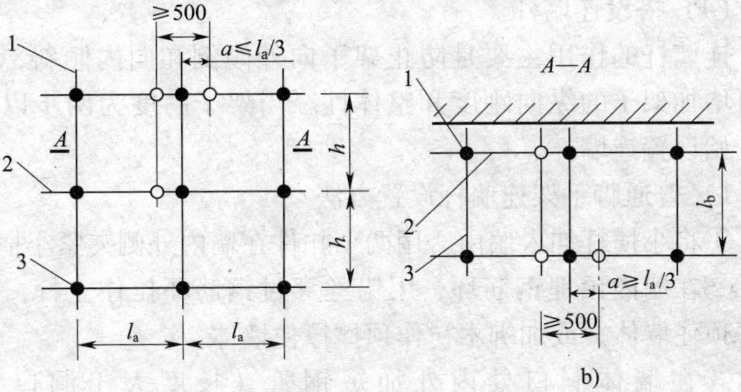

图 2—13　大横杆接头布置

a）接头不在同步内（立面）　b）接头不在同跨内（平面）

1—立杆　2—纵向水平杆　3—横向水平杆

2）安装小横杆。小横杆要与大横杆垂直，一般置于大横杆上面，紧靠立杆，用直角扣件固定在立杆上两端，要伸出大横杆外 150 mm，以防止小横杆受力后发生弯曲而从扣件中滑脱。

脚手架纵向、横向水平杆安装如图 2—14 所示。

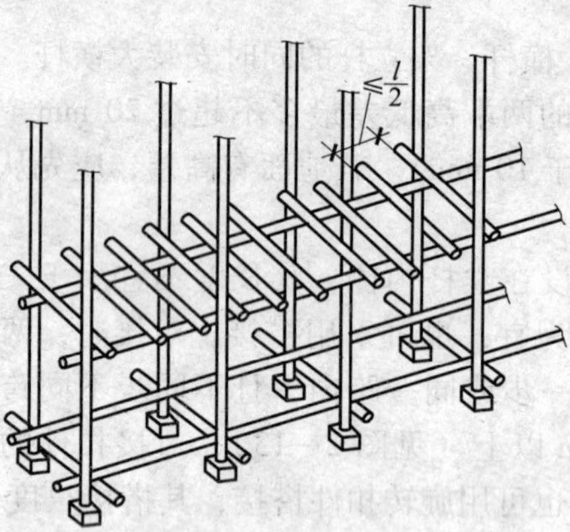

图 2—14　脚手架纵向、横向水平杆安装

（4）搭设连墙杆

连墙杆的作用主要是防止架子向外倾倒和向内倾斜，同时也可增加架子的纵向刚度和整体性。当架子高度为两步以上时即开始设置连墙杆。

1）普通脚手架连墙杆设置方法

①将小横杆伸入墙内，用两个扣件在墙内外侧夹紧小横杆。

②在墙内预埋钢筋环，用铅丝穿过钢筋环拉住立杆，将小横杆顶住墙体，或加绑木枋作顶撑撑住墙体。

③在墙体洞口处内外加短钢管（长度大于洞口宽度 500 mm），再用扣件与小横杆扣紧。

④在混凝土柱、梁内设预埋件，用钢筋挂钩勾挂脚手架立杆，同时加顶撑撑住墙体。

2）连墙杆的搭设要点

①连墙点最大间距为三步三跨，每一个连墙杆覆盖墙体的面积不应超过 40 m^2。各连墙点按竖向、横向间隔布置为菱形、方形或矩形。

②连墙点尽量靠近主节点，与主节点偏离不超过 300 mm。

③从底层第一步大横杆即开始设置连墙杆，若因建筑结构或施工布置等原因不能在第一步设置时，要加设抛撑或采取其他措施代替连墙杆。

④对一字形、开口形脚手架，其两端必须设置连墙杆，且连墙杆的竖向间距不得超过层高，也不得超过 4 m。

⑤高度 24 m 以下的脚手架，宜采用刚性连墙杆；高度大于 24 m 的脚手架，必须采用刚性连墙杆。不论何种连墙杆，均不得使用仅有拉筋的连墙方式作为连墙杆。常见刚性连墙杆如图 2—15 所示。

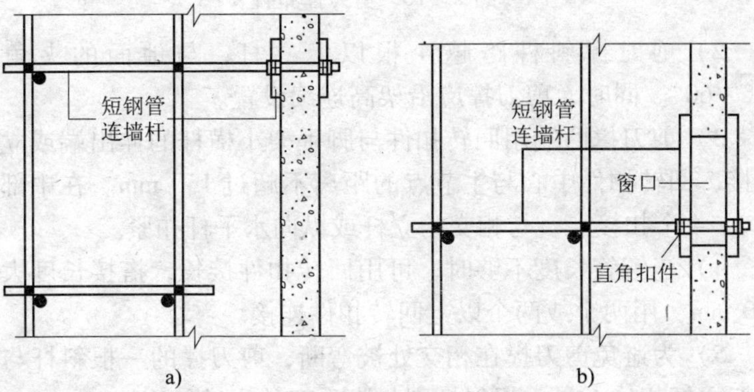

图 2—15　常见刚性连墙件

a）剪力墙刚性连墙件　b）窗口外刚性连墙件

（5）架剪刀撑

剪刀撑的主要作用是增强架子的纵向稳定性及整体刚度。一般从房屋两端开始设置，中间间距不超过 15 m。用两根钢管交叉分别跨过 4 根以上、7 根以下立杆，设于外侧立杆的两端，如图 2—16 所示。

剪刀撑的搭设要点：

1）从脚手架两端开始设置，当脚手架较长时，还要在中间加设，各道剪刀撑间隔为 12 ~ 15 m。

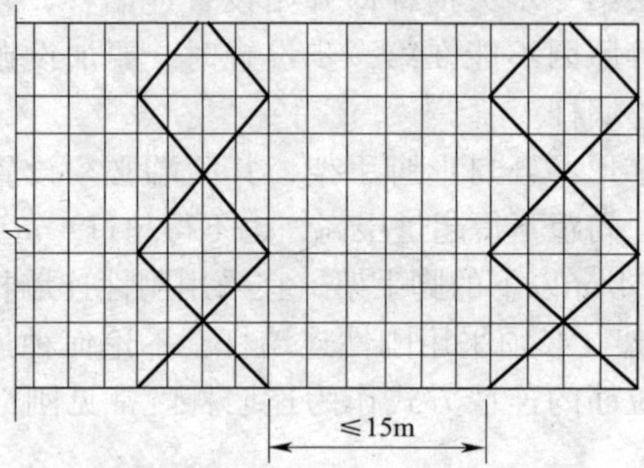

图 2—16 剪刀撑布置

2）剪刀撑斜杆跨越 4 根以上立杆，与地面的夹角为 45°～60°。同时，剪刀撑应沿架高连续设置。

3）剪刀撑两端用回转扣件与脚手架小横杆的伸出端或立杆连接，回转扣件中心与主节点的距离不超过 150 mm。在中部另加 2～4 个扣接点，与相交的立杆或纵向水平杆扣紧。

4）当钢管长度不够时，可用回转扣件接长，搭接长度大于 600 mm，用两个或两个以上回转扣件连接。

5）为避免剪刀撑在相交处被弯断，剪刀撑的一根斜杆与脚手架立杆相连，另一根斜杆则与脚手架的小横杆连接。

（6）铺脚手板、挡脚板

每一个作业层均要铺满脚手板。脚手板支撑杆的间距要按规定设置。为了节约用料，该支撑杆可随着铺板层的移动而拆卸移动。铺板时要注意以下几点：

1）脚手板必须满铺，不得有空隙。采用冲压钢脚手板、木脚手板、竹串片脚手板等以横向水平杆为支撑杆的脚手板时，应在中部加一道横向水平杆，使脚手板搁置在三根横向水平杆上；若脚手板长度小于 2 m，其支撑杆可为两根横向水平杆，但应将脚手板两端固牢，以防倾翻；板长大于 5 m 时，其支撑杆不能少于 4 根。

2）脚手板可采取对接平铺与搭接平铺两种方式。对接平铺时，接头必须设两根横向水平杆，脚手板外伸长度为130 ~ 150 mm；脚手板搭接平铺时，接头必须支在横向水平杆上，搭接长度应大于200 mm，其伸出横向水平杆的长度不应小于100 mm，如图2—17所示。

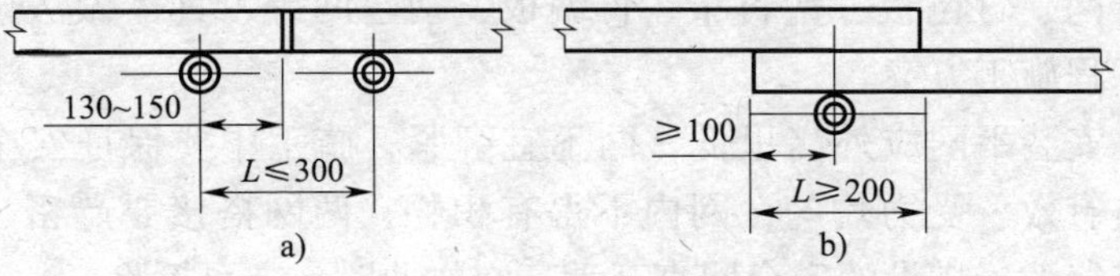

图2—17　脚手板对接、搭接构造

a）对接平铺　b）搭接平铺

3）在脚手架转角处，脚手板应交叉（重叠）搭设。作业层端部脚手板伸出横向水平杆探头长度不应大于150 mm，并应与支撑杆绑扎连接。

4）脚手板要铺平、铺稳，当支撑杆高度有变化时，可在支撑杆上加绑木枋、钢管，使其高度一致，不能用砖块、木块垫塞。

5）当采用竹脚手板时，要在横向水平杆上平行于纵向水平杆的方向上加支撑杆，支撑杆间距为400 ~ 500 mm，其中主竹筋垂直于纵向水平杆，并采用对接平铺法，四角均用铅丝绑扎固定在纵向水平杆上。

6）脚手板不要抵住墙体，要留出一定空隙，以便抹灰操作，一般留出120 ~ 150 mm。该空隙也不能留得过大，以免发生坠落事故，应控制在200 mm以内。

每一作业层均要在架子外侧（临空侧）设挡脚板。挡脚板高度不应小于180 mm，也可设在外立杆内侧，用铅丝绑扎在立杆和纵向水平杆上。

（7）架安全网、安全栏杆

砌筑用脚手架，其高度是随着砌体的升高而逐渐上升的。

当高度超过3.2 m后，就应架安全网。安全网设于脚手架外侧，宽度不小于3 m，用钢管、毛竹或杉槁支撑，其外口高于里口50~60 mm。为防止物料下坠，脚手架第一步操作层下口要设安全网或安全棚（用竹编板、脚手板等铺满）。在城区施工时，通常要封闭施工，即在脚手架外侧满挂安全棚，其材料可用密目安全网、竹笆板、塑料布、竹编板、钢丝网等，具体做法按单位工程施工方案。

安装平网应外高里低，网不宜绑紧，施工中要保证安全网完整有效、受力均匀，网内不得有积物，两网搭接要严密、不得有缝隙，搭设的安全网直至无高空作业时，方可拆除。

每一操作层均要在架子外侧（临空侧）设安全栏杆。安全栏杆为上下两道，上道栏杆上口高度为1 200 mm，下道栏杆居中(500~600 mm)，用同长的钢管平行于大横杆设在外立杆内侧。

4. 搭设注意事项

（1）在架杆的同时，就要装扣件并紧固。架杆时，可在立杆上预定位置留置扣件，横杆依该扣件就位。先上好螺栓，再调平、校正，然后紧固。移动扣件位置时，不能猛力敲打扣件螺栓。扣件拧紧的程度对架子承载能力、稳定性及施工安全影响极大，所以扣件螺栓的紧固，必须松紧适度，尤其是立杆与大横杆连接部位的扣件，应确保大横杆受力后不致向下滑移。

关于扣件在杆上的朝向，应注意两个问题：一是要有利于扣件受力；二是要避免雨水进入钢管。所以，在连接大横杆的对接扣件时，扣件开口不得朝下，以开口朝内、螺栓朝上为宜，直角扣件开口不得朝下，以确保安全。

（2）当建筑底层层高较大，或因其他原因下部不能设置连墙杆时，可采用设抛撑的办法来支撑、稳定脚手架。抛撑用长钢管（一般不接长）斜撑住脚手架外侧，与地面倾斜，夹角为45°~60°，其间距不多于六根立杆，抛撑根部应埋入土中或与地面其他固定物可靠抵撑。地面无抵撑物时，应打木桩或钢管桩作为抛撑的抵撑物。设置有抛撑的脚手架上部要设置连墙杆。

第三节　扣件式钢管脚手架的拆除

脚手架使用完毕，确信所有施工操作均不再用脚手架时，便可开始拆除。脚手架拆除作业的危险性远远大于搭设作业，因此，在进行拆除工作之前，必须做好充分的准备工作。拆除前，要由单位工程负责人确认不再使用脚手架，并下达拆除通知，方可开始拆除。对于复杂的脚手架，还需制定拆除方案，由专人指挥，各工种配合操作。

拆除脚手架要按照“先搭的后拆、后搭的先拆，先拆上部、后拆下部，先拆外面、后拆里面，次要杆件先拆、主要杆件后拆”的原则。

一、拆除顺序

首先清除架子上堆放的物料，然后拆除脚手板（每档留一块，供拆除操作时使用），再依次拆除各杆件。各杆件拆除的顺序：安全栏杆→剪刀撑→小横杆→大横杆→立杆。

二、操作要点及注意事项

1. 拆除大横杆、立杆及剪刀撑等较长杆件，要由三人配合操作。两端人员拆卸扣件，中间人员负责接送（向下传送）。若用吊车吊运，要两点绑扎，平放吊运。小横杆、扣件包等可通过建筑室内楼梯由工人运送。

2. 杆件拆除时要一步一清，不得采用踏步式拆法。对剪刀撑、连墙杆，不能一次拆除，只能随架子整体的下拆而逐层拆除。

3．拆除的扣件与零配件用工具包或专用容器收集，用吊车或吊绳吊下，不得向下抛掷。也可将扣件留置在钢管上，待钢管吊下后，再拆卸。

4．拆除的杆件、扣件要及时按规格、品种分类堆放，并及时清理入库。

5．拆除操作人员要佩戴安全带，安全带挂钩要挂在可靠且高于操作面的地方。

6．拆除时要设置警戒线，由专人负责安全警戒，禁止无关人员进入。

7．拆除作业连续进行时，若中途下班休息，要清理架上已拆卸的杆件、扣件，加临时拉杆稳定架子，并派人值班看守，防止他人动用脚手架。

拆除下来的脚手架杆件、配件，应及时检验、整修和保养，并按照品种、规格、分类堆放，以便运输保管。

第四节　扣件式钢管脚手架的检查验收

一、一般规定

脚手架搭到设计高度后，应对脚手架的质量进行检查、验收，经检查合格者方可验收交付使用。高度 24 m 及以下的脚手架，应由单位工程负责人组织技术安全人员进行检查验收；高度大于 24 m 的脚手架应由上一级技术负责人组织安全人员、单位工程负责人及有关的技术人员进行检查验收。

二、检查验收阶段的规定

脚手架检查验收的阶段如下：

1. 基础完工后及脚手架搭设前。

2. 每搭设完 10 ~ 13 m 高度后。

3. 达到设计高度后。

4. 作业层上施加荷载前。

5. 遇有 6 级及 6 级以上大风与大雨、大雪后，寒冷地区开冻后。

6. 停用超过一个月。

三、检查验收项目

1. 脚手架的架杆、配件设置和连接是否齐全，质量是否合格，构造是否符合要求，扣件连接是否紧固可靠。

2. 地基是否积水，基础是否平整、坚实，底座是否松动，立杆是否悬空。

3. 连墙杆的数量、位置和设置是否符合规定。

4. 安全网的张挂及安全栏杆的设置是否符合规定。

5. 脚手架的垂直度与水平度的偏差是否符合规定。

6. 是否超载。

四、允许偏差与检验方法

落地扣件式钢管脚手架搭设的技术要求、允许偏差及检验方法见表 2—6。安装后扣件螺栓拧紧力矩应采用扭力扳手检查，抽样检查的数量与质量评定标准见按表 2—7。

表 2—6　落地扣件式脚手架搭设的技术要求、允许偏差及检验方法

<table>
<tr><th>序号</th><th colspan="2">项目</th><th>技术要求</th><th>允许偏差 Δ（mm）</th><th>示意图</th><th>检验方法与工具</th></tr>
<tr><td rowspan="5">1</td><td rowspan="5">地基基础</td><td>表面</td><td>坚实平整</td><td rowspan="4">—</td><td rowspan="5"></td><td rowspan="5">观察</td></tr>
<tr><td>排水</td><td>不积水</td></tr>
<tr><td>垫板</td><td>不晃动</td></tr>
<tr><td rowspan="2">底座</td><td>不滑动</td></tr>
<tr><td>不沉降</td><td>－10</td></tr>
</table>

续表

<table>
<tr><th>序号</th><th colspan="2">项目</th><th>技术要求</th><th>允许偏差Δ（mm）</th><th colspan="2">示意图</th><th>检验方法与工具</th></tr>
<tr><td rowspan="10">2</td><td rowspan="10">立杆垂直度</td><td>最后验收垂直度20～80 m</td><td>—</td><td>±100</td><td colspan="2">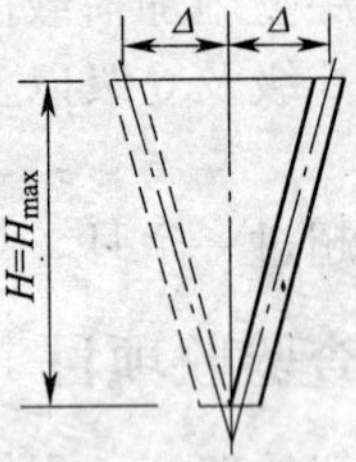
H_{max}为脚手架搭设的最大高度</td><td rowspan="10">经纬仪或吊线和卷尺</td></tr>
<tr><td colspan="5">允许水平偏差（mm）</td></tr>
<tr><td colspan="2">搭设中检查偏差的高度</td><td>总高度50 m</td><td>总高度40 m</td><td>总高度20 m</td></tr>
<tr><td colspan="2">$H=2$ m</td><td>±7</td><td>±7</td><td>±7</td></tr>
<tr><td colspan="2">$H=10$ m</td><td>±20</td><td>±25</td><td>±50</td></tr>
<tr><td colspan="2">$H=20$ m</td><td>±40</td><td>±50</td><td>±100</td></tr>
<tr><td colspan="2">$H=30$ m</td><td>±60</td><td>±75</td><td></td></tr>
<tr><td colspan="2">$H=40$ m</td><td>±80</td><td>±100</td><td></td></tr>
<tr><td colspan="2">$H=50$ m</td><td>±100</td><td></td><td></td></tr>
<tr><td colspan="5">中间档次用插入法</td></tr>
<tr><td rowspan="3">3</td><td rowspan="3">间距</td><td>步距</td><td rowspan="3">—</td><td>±20</td><td colspan="2" rowspan="3"></td><td rowspan="3">钢板尺</td></tr>
<tr><td>纵距</td><td>±50</td></tr>
<tr><td>横距</td><td>±20</td></tr>
<tr><td>4</td><td>纵向水平杆高差</td><td>一根杆的两端</td><td>—</td><td>±20</td><td colspan="2"></td><td>水平仪或水平尺</td></tr>
</table>

续表

序号	项目		技术要求	允许偏差Δ（mm）	示意图	检验方法与工具
4	纵向水平杆高差	同跨内两根纵向水平杆高差	—	±10	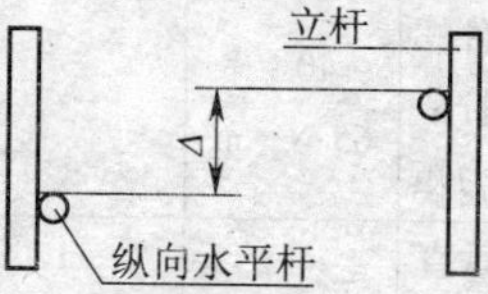	水平仪或水平尺
5	双排脚手架横向水平杆外伸长偏差		外伸500 mm	−50		钢板尺
6	扣件安装	主节点各扣件中心点相互距离	$a\leqslant$ 150 mm	—	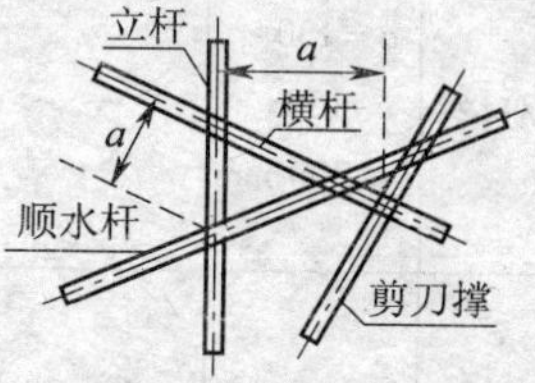	钢板尺
		同步立杆上两个相隔对接扣件的高差	$a\geqslant$ 500 mm	—	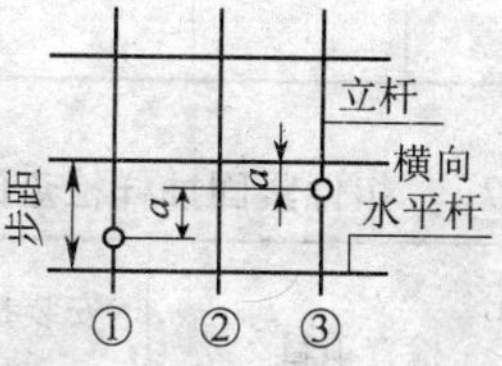	钢卷尺
		立杆上的对接扣件至主节点的距离	$a\leqslant$ $h/3$			
		纵向水平杆上的对接扣件至主节点的距离	$a\leqslant L_a/3$	—	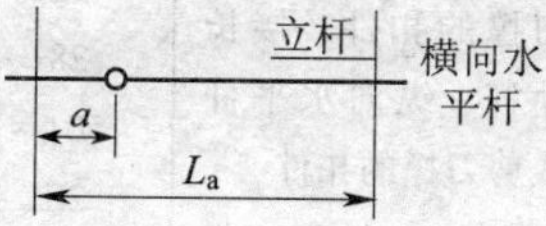	钢卷尺

续表

序号	项目		技术要求	允许偏差Δ（mm）	示意图	检验方法与工具
6	扣件安装	扣件螺栓拧紧扭力矩	40～65 N·m	—	—	扭力扳手
7	剪刀撑与地面的倾角		45°～60°	—	—	角尺
8	脚手板外伸长度	对接	a =130～150 L≤300 mm	—	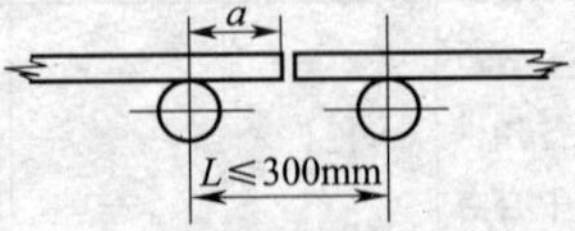	卷尺
		搭接	a =100 mm L≥200 mm	—	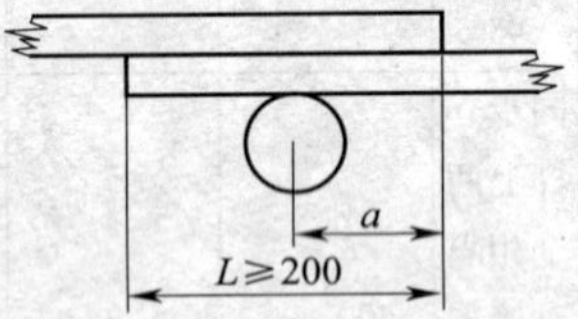	卷尺

表 2—7　扣件紧固抽样检查的数量及质量评定标准

项次	检查项目	安装扣件数量（个）	抽检数量（个）	允许的不合格数
1	连接立杆与纵（横）向水平杆或剪刀撑的扣件，接长立杆、纵向水平杆或剪刀撑的扣件	51～90 91～150 151～280 281～500 501～1 200 1 201～3 200	5 8 13 20 32 50	0 1 1 2 3 5

续表

项次	检查项目	安装扣件数量（个）	抽检数量（个）	允许的不合格数
2	连接横向水平杆与纵向水平杆的扣件（非主节点处）	51～90	5	1
		91～150	8	2
		151～280	13	3
		281～500	20	5
		501～1 200	32	7
		1 201～3 200	50	10

五、安全管理

1. 搭设脚手架人员必须戴安全帽、系安全带、穿防滑鞋。

2. 作业层上的施工荷载应符合设计要求，不得超载。不得将模板支架、缆风绳、泵送混凝土和砂浆的输送管等固定在脚手架上；严禁悬挂起重设备。

3. 当有6级及6级以上大风和雾、雨、雪天气时应停止脚手架搭设与拆除作业。雨、雪后上架作业应有防滑措施，并应扫除积雪。

4. 在脚手架使用期间，严禁拆除下列杆件：主节点处的纵、横向水平杆，纵、横向扫地杆，连墙杆。

5. 不得在脚手架基础及其邻近处进行挖掘作业；若进行挖掘作业，应采取安全措施。

6. 临街搭设脚手架时，外侧应有防止坠物伤人的防护措施。

7. 在脚手架上进行电、气焊作业时，必须有防火措施和专人看守。

8. 工地临时用电线路的架设及脚手架接地、避雷措施等，应按现行行业标准《施工现场临时用电安全技术规范》（JGJ 46—2005）的有关规定执行。

第五节　悬挑式外脚手架

一、悬挑式外脚手架分类

悬挑式外脚手架是利用建筑结构外边缘向外伸出的悬挑结构来支撑外脚手架，并将脚手架的荷载全部或部分传递给建筑物的结构部分。它必须有足够的强度、刚度和稳定性。根据悬挑支撑结构的不同，可分为挑梁式悬挑脚手架和支撑杆式悬挑脚手架两类。

二、悬挑式外脚手架构造

1. 挑梁式悬挑脚手架

挑梁式悬挑脚手架采用固定在建筑物结构上的悬挑梁（架），并以此为支座搭设脚手架，一般为双排脚手架。此种类型脚手架最多可搭设20～30 m高，可同时进行2～3层作业，是目前较常用的脚手架形式。

（1）下撑挑梁式悬挑脚手架

下撑挑梁式悬挑脚手架的支撑结构如图2—18所示。在主体结构上预埋型钢挑架，并在挑架的外端加焊斜撑压杆组成挑梁。各根挑梁之间的间距不大于6 m，并用两根型钢纵梁相连，然后在纵梁上搭设扣件式钢管脚手架。挑架、斜撑压杆组成的挑梁，间距不宜大于9 m。当挑梁的间距超过6 m时，可用型钢制作的桁架来代替，如图2—19所示。

（2）斜拉挑梁式悬挑脚手架

斜拉挑梁式悬挑脚手架以型钢作挑梁，其端头用钢丝绳（或钢筋）作拉杆斜拉，如图2—20所示。

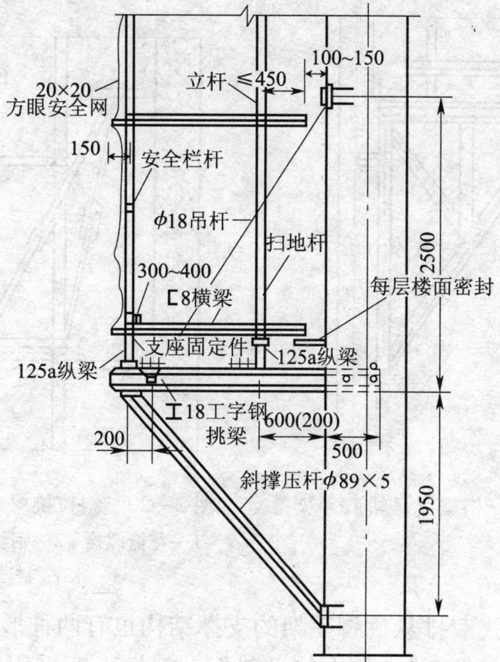

图 2—18　下撑挑梁式悬挑脚手架

2．支撑杆式悬挑脚手架

支撑杆式悬挑脚手架的支撑结构是三角斜压杆，直接用脚手架杆件搭设。

（1）支撑杆式单排悬挑脚手架

支撑杆式单排悬挑脚手架的支撑结构有两种形式。

1）从窗口挑出横杆，斜杆支撑在下一层的窗台上。当无窗台时，可预先在墙上留洞或预埋支托铁件，以支撑斜杆，如图 2—21a 所示。

2）从同一窗口挑出横杆和伸出斜杆，斜杆的一端支撑在楼面上，如图 2—21b 所示

（2）支撑杆式双排悬挑脚手架

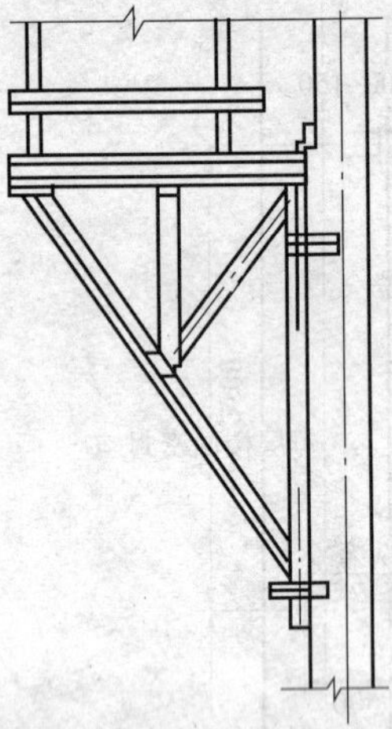

图 2—19　桁架式悬挑脚手架

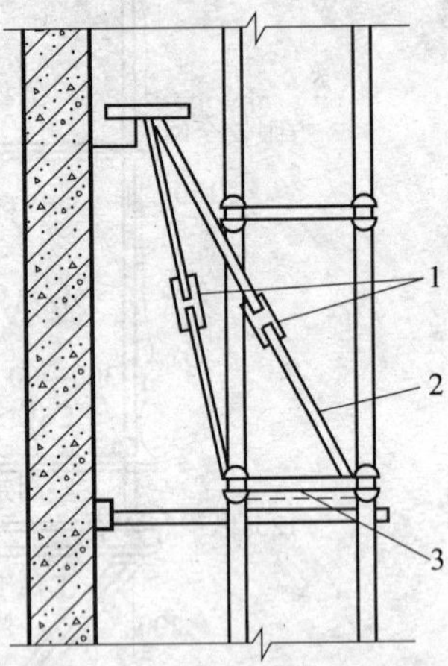

图 2—20　斜拉挑梁式脚手架

1—花篮螺栓　2—钢丝绳拉杆

3—水平斜杆

支撑杆式双排悬挑脚手架的支撑结构也有两种形式。

1）内、外两排立杆上加设斜杆。斜杆一般采用双钢管，水平横杆加长后，一端与预埋在建筑物结构中的铁环焊牢。这样，脚手架的荷载通过斜杆和水平杆传递到建筑物上，如图 2—22 所示。

2）采用下撑上拉的方法，在脚手架的内、外两排立杆上分别加设斜杆。斜杆的下端支在建筑结构的梁或楼板上，并且内排立杆斜杆的支点比外排立杆斜杆的支点高一层楼。斜杆上端用双扣件与脚手架的立杆连接，如图 2—23 所示。

三、悬挑式外脚手架搭设

1. 悬挑式外脚手架搭设施工准备

悬挑式外脚手架搭设前应根据专项施工方案准备好搭设架体的材料，按要求加工制作支撑架及预埋件等。脚手架的预埋件，在编制专项施工方案时即已设计好位置，预埋件所用材料及其规格等应经过专门设计。应派专人在建筑结构施工时埋设预埋件，埋设位置应准确，锚固应可靠。

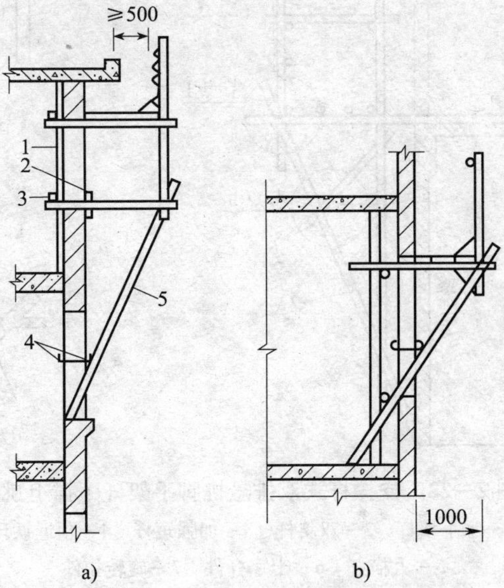

图 2—21　支撑杆式单排悬挑脚手架

a）斜杆支撑在下层窗台　b）斜杆支撑在同层楼面

1—立杆　2—顺水杆　3、4—连墙杆　5—斜杆

2. 悬挑式外脚手架的搭设技术要求

悬挑支撑结构以上部分脚手架与一般落地式扣件钢管脚手架的搭设要求基本相同。高层建筑采用分段式外挑脚手架时，脚手架的技术要求应符合表 2—8 中所列的规定。

3. 挑梁式悬挑脚手架搭设

（1）搭设顺序

挑梁式悬挑脚手架搭设顺序：安设型钢挑梁（架）→安装斜撑压杆或斜拉绳（杆）→安设纵向钢梁→搭设上部脚手架。

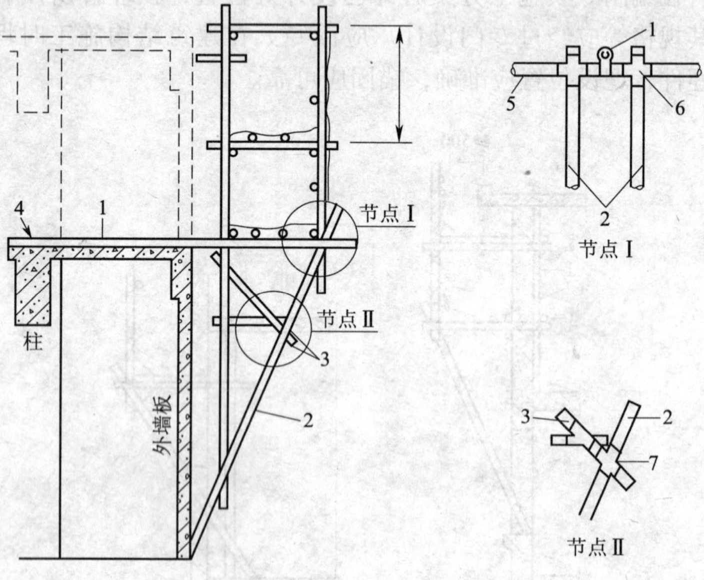

图 2—22　支撑杆式双排悬挑脚手架（下撑上挑）

1—水平横杆　2—双斜杆　3—加强短杆　4—预埋铁环

5—大横杆　6—十字杆件　7—旋转扣件

（2）施工要点

1）悬挑梁与墙体结构的连接，应预埋铁件或留好孔洞，不得随便打孔凿洞，破坏墙体。各支点要与建筑物中的预埋件连接牢固，如图 2—24 ~ 图 2—27 所示。

表 2—8　　　分段式外挑脚手架技术要求

允许荷载（N/m^2）	立杆最大间距（mm）	纵向水平杆最大间距（mm）	横向水平杆间距（mm）		
			脚手板厚 30	脚手板厚 43	脚手板厚 50
1 000	2 700	1 350	2 000	2 000	2 000
2 000	2 400	1 200	1 400	1 400	1 750
3 000	2 000	1 000	2 000	2 000	2 200

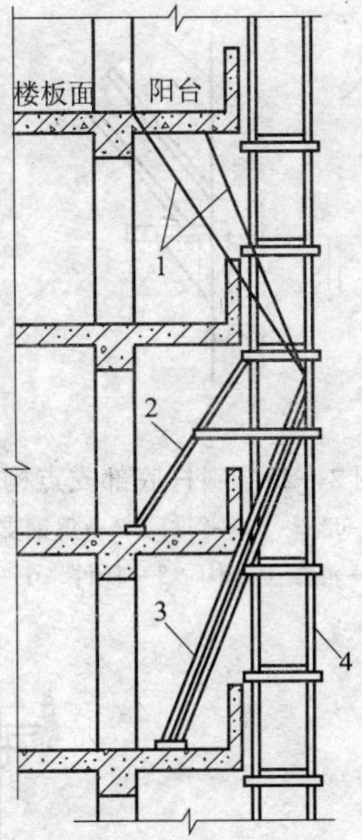

图 2—23　支撑杆式双排悬挑脚手架（下撑上拉）

1—吊杆　2、3—斜撑钢管　4—外脚手架

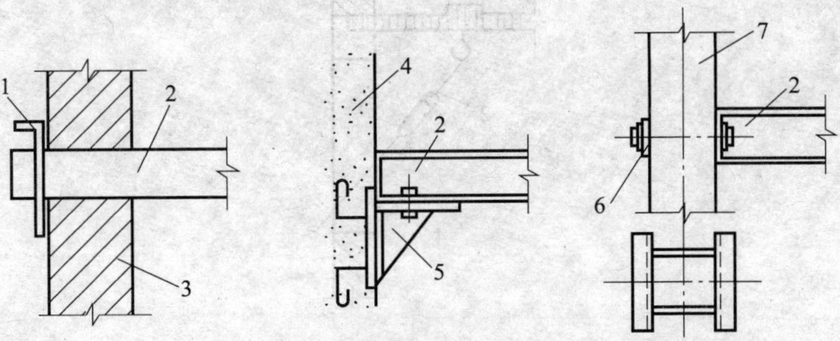

图 2—24　支撑式挑梁与结构的连接点

1—销　2—挑梁　3—墙体　4—混凝土结构　5—托件　6—螺栓　7—柱

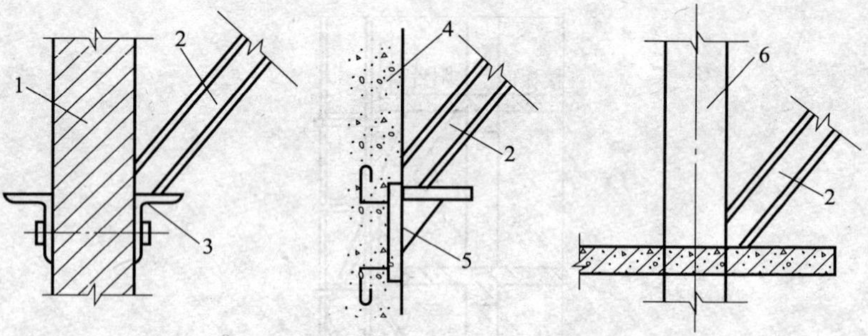

图 2—25　斜杆底部支点构造

1—墙体　2—斜杆　3—角钢支托

4—混凝土结构　5—托件　6—柱

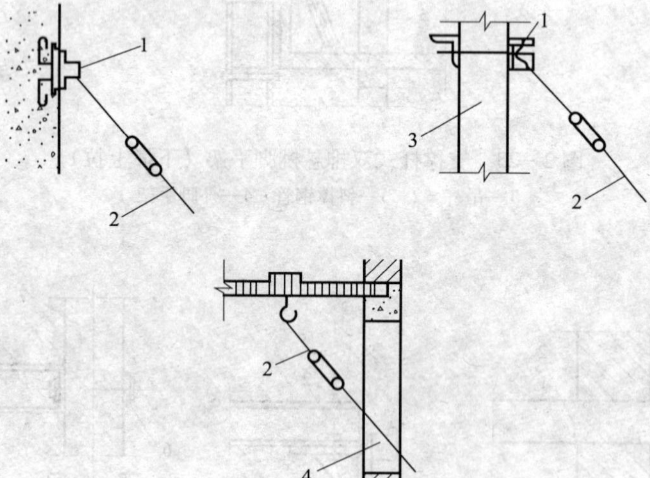

图 2—26　斜拉杆与结构的连接

1—预埋铁件　2—拉绳（杆）　3—柱子　4—窗口

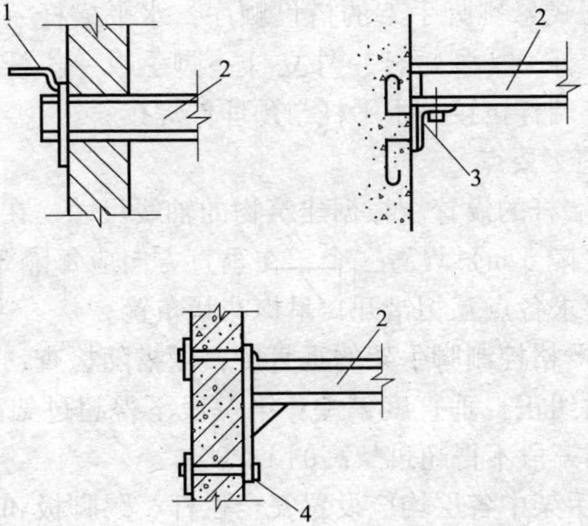

图 2—27　斜杆式挑梁与结构的连接

1—ϕ16 销　2—挑梁　3—预埋支座　4—螺栓锚固

2）支撑在悬挑支撑结构上的脚手架，其最低一层水平杆处应满铺脚手板，以保证脚手架底层有足够的横向水平刚度。

3）挑梁式悬挑脚手架立杆与挑梁（或纵梁）的连接，应在挑梁（或纵梁）上焊 150 ~ 200 mm 长钢管，其外径比脚手架立杆内径小 1.0 ~ 1.5 mm，用对接扣件连接，同时在立杆下部设 1 ~ 2 道扫地杆，以确保架子的稳定。

（3）注意事项

1）脚手架的材料必须符合设计要求，不得使用不合格的材料。

2）各支点要与建筑物中的预埋件连接牢固。

3）斜拉绳（杆）应有收紧措施，以便在收紧后承担脚手架荷载。

4）脚手架立杆与挑梁用对接扣件连接，同时在立杆下部设 1 ~ 2 道扫地杆，以确保架子的稳定。

4. 支撑杆式悬挑脚手架搭设

（1）搭设顺序

支撑杆式悬挑脚手架的搭设顺序：水平横杆→大横杆→双斜杆→内立杆→加强短杆→外立杆→脚手板→栏杆→安全网→小横杆→连墙杆拉接→水平杆与预埋件焊接。

（2）施工要点

1）连墙杆的设置。根据建筑物的轴线尺寸，在水平方向应每隔 3 跨（隔 6 m）设置一个，在垂直方向应每隔 3 ~ 4 m 设置一个，并要求各点互相错开，呈梅花状布置。

2）要严格控制脚手架的垂直度，随搭随检查，发现超过允许偏差及时纠正。垂直度偏差：第一段不得超过架高的 1/400，第二段、第三段不得超过架高的 1/200。

3）脚手架中各层均应设置安全栏杆、踢脚板和扶梯。脚手架外侧和单个架子的底面用小眼安全网封闭，脚手架与建筑物间要保证必要的通道。

4）脚手架的底层应满铺厚木脚手板，其上各层可满铺薄钢板冲压成的穿孔轻型脚手板。

（3）注意事项

1）连墙杆要求在水平方向每隔 6. 0 m 与建筑物连接牢固，在垂直方向每隔 3 ~ 4 m 设置一个拉接点，并要求呈梅花状布置。

2）要严格控制脚手架的垂直度。

3）斜撑钢管要与脚手架立杆用双扣件连接牢固。

4）按搭设顺序搭设，并在下面支设安全网。

四、悬挑式外脚手架拆除

1. 拆除前的准备工作

在进行悬挑式外脚手架的拆除工作之前，必须做好以下准备工作：

（1）当工程施工完成后，必须经单位工程负责人检查验证，确认不再需要脚手架后，方可拆除。

(2）拆除脚手架应制定拆除方案，并向操作人员进行技术交底。

(3）全面检查脚手架是否安全。

(4）拆除前应清理脚手架上的材料、工具和杂物，清理地面障碍物。

(5）拆除脚手架现场应设置安全警戒区域和警示标志，并派专人看管，严禁非施工作业人员进入拆除作业区内。

2. 拆除顺序

悬挑式外脚手架的拆除顺序与搭设相反，不允许先行拆除拉杆。拆除顺序为架体拆除→悬挑支撑架拆除。

拆除架体可采用人工逐层拆除，也可采用塔吊分段拆除。

3. 整修、保养和保管

拆下的脚手架材料及构配件，应及时检验、分类、整修和保养，并按品种、规格分类堆放，以便运输、保管。

五、悬挑式外脚手架检验

悬挑式外脚手架分段或分部位搭设完后，必须按相应的钢管脚手架质量标准进行检查、验收，经检查、验收合格后，方可继续搭设和使用。在使用过程中要加强检查，并及时清除架子上的垃圾和剩余材料，注意控制使用荷载，禁止在架子上过多集中堆放材料。

第三章

碗扣式钢管脚手架

碗扣式钢管脚手架是一种杆件轴心相交的承插锁固式钢管脚手架，采用带连接件的定型杆件，组装简便，具有较强的稳定承载能力，不仅可以组装各式脚手架，而且更适合构造各种支撑架，特别是承重支撑架。

碗扣式钢管脚手架设计计算和施工要符合《建筑施工碗扣式钢管脚手架安全技术规范》（JGJ 166—2008）的规定。

第一节 碗扣式钢管脚手架的基本结构与构配件

碗扣式多功能脚手架采用独创的带齿碗扣接头连接各种杆件，采用目前用量最多的 $\phi48$ mm × 3. 5 mm 用 Q235 钢制作的焊接钢管作为主要构件，立杆和顶杆是由在一定长度的钢管上每隔 600 mm 安装一套碗扣接头制成。碗扣分上碗扣和下碗扣，下碗扣焊在钢管上，上碗扣对应地套在钢管上，其销槽对准焊在钢管上的限位销即能上下滑动。

横杆是在钢管两端焊接横杆接头制成的。连接时，只需将横杆接头插入下碗扣内，将上碗扣沿限位销扣下，并顺时针旋转，靠上碗扣螺旋面使之与限位销顶紧，从而将横杆和立杆牢固地连在一起，形成框架结构。每个下碗扣内可同时装 4 个横杆接头，位置任意。碗扣接头构造如图 3—1 所示。

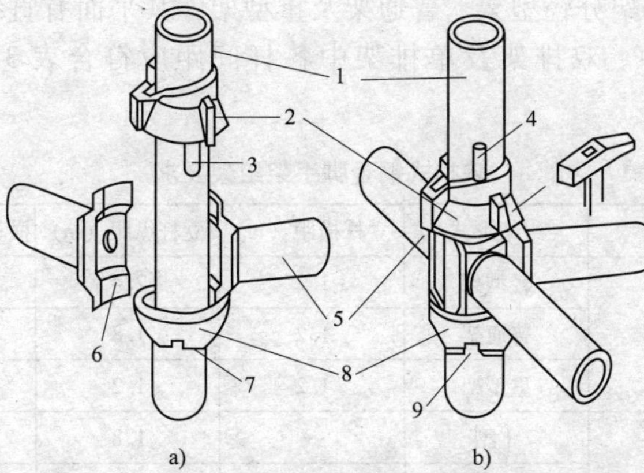

图 3—1　碗扣接头构造

a）连接前　b）连接后

1—立杆　2—上碗扣　3、4—限位销　5—横杆

6—横杆接头　7—焊缝　8—下碗扣　9—流水槽

一、碗扣式钢管脚手架的基本结构与构造参数

碗扣式钢管脚手架可分为双排架或单排架两种基本结构，如图 3—2 所示。

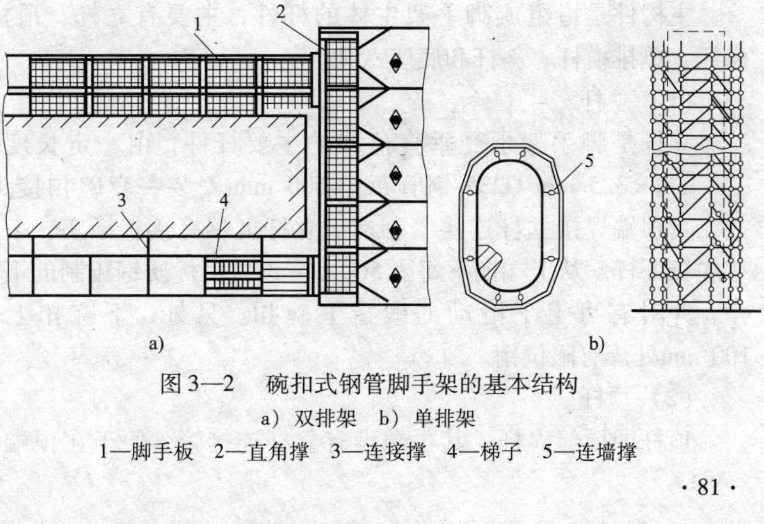

图 3—2　碗扣式钢管脚手架的基本结构

a）双排架　b）单排架

1—脚手板　2—直角撑　3—连接撑　4—梯子　5—连墙撑

双排架分轻型架、普通架及重型架，其平面有直线形或曲线形两种。双排架及单排架中各杆间距应符合表3—1中的要求。

表3—1　　　　碗扣式钢管脚手架组架要求

类别	组架形式	立杆横距（m）	立杆纵距（m）	横杆步距（m）
双排架	轻型架	1.2	2.4	2.4
	普通架	1.2	1.8	1.8
	重型架	1.2	1.2	1.8
单排架	Ⅰ型	—	1.8	1.8
	Ⅱ型	—	1.2	1.2
	Ⅲ型	—	0.9	1.2

二、碗扣式钢管脚手架的主要构配件

碗扣式钢管脚手架的构配件按其用途可分为主构件、辅助构件和专用构件三类。

1. 主构件

主构件是指组成脚手架主体的杆件，主要有立杆、顶杆、横杆、单排横杆、斜杆和底座六种。

（1）立杆

立杆是脚手架承受垂直荷载的主要杆件，由一定长度的ϕ48 mm×3.5 mm Q235钢管每隔600 mm安装一套碗扣接头，并在其顶端焊接立杆连接管制成。立杆上端有接杆插座，下端有加长插杆。从上端向下每隔500 mm设置由优质钢压制的下碗扣，并附有可上下滑动的锻造上碗扣。另外，下碗扣上部100 mm处焊有限位销。

（2）顶杆

顶杆即顶部立杆，其顶端没有立杆连接管，便于在顶端插入托撑或可调托撑等，有0.9 m、1.5 m、2.1 m三种长度规格，主要用在支撑架、支撑柱、物料提升架的顶部。

（3）横杆

横杆是脚手架的水平支撑杆，是组成框架的横向连接杆件，由一定长度的钢管两端焊接横杆接头制成。连接时，将横杆接头插入立杆上的下碗扣内，再将上碗扣沿限位销扣下，并顺时针旋转，靠上碗扣螺旋面使之与限位销顶紧，从而将横杆与立杆牢固地连接在一起，形成框架结构。钢管规格与立杆相同，长度有1.3 m、1.8 m、2.5 m三种。

（4）单排横杆

主要用于单排脚手架的横向水平横杆，在钢管一端焊接横杆接头制成。

（5）斜杆

斜杆是为增强脚手架的整体刚度和稳定性的斜向拉（压）杆，在钢管两端铆接斜杆接头制成，斜杆接头可转动，同横杆接头一样可装在下碗扣内，形成节点斜杆。

（6）底座

底座是安装在立杆根部，防止其下沉，并将上部荷载分散传递给地基基础的构件。有可调式和固定式两种，可调式底座用螺杆调节高度。底座共有以下三种形式：

1）垫座。由150 mm×150 mm×8 mm钢板中心焊接连接杆制成，立杆可直接插在上面，长度不可调。

2）立杆可调座。由150 mm×150 mm×8 mm钢板中心焊接螺杆并配手柄螺母制成，有300 mm和600 mm两种可调范围。

3）立杆粗细调座。基本上同立杆可调座，只是可调方式不同，由150 mm×150 mm×8 mm钢板、立杆管、螺管、手柄螺母等制成。

各种主构件的型号、规格和用途见表3—2。

表 3—2　　各种主构件的型号、规格和用途

名称	型号	规格（mm）	用途
立杆	LG－180	$\phi48\times3.5\times1\ 800$	框架垂直承力杆
	LG－300	$\phi48\times3.5\times3\ 000$	
顶杆	DG－590	$\phi48\times3.5\times900$	支撑架顶端垂直承力杆
	DG－150	$\phi48\times3.5\times1\ 500$	
	DG－210	$\phi48\times3.5\times2\ 100$	
横杆	HG－30	$\phi48\times3.5\times300$	立杆横向连接杆，框架水平承力杆
	HG－60	$\phi48\times3.5\times600$	
	HG－90	$\phi48\times3.5\times900$	
	HG－120	$\phi48\times3.5\times1\ 200$	
	HG－150	$\phi48\times3.5\times1\ 500$	
	HG－180	$\phi48\times3.5\times1\ 800$	
	HG－240	$\phi48\times3.5\times2\ 400$	
单排横杆	DHG－140	$\phi48\times3.5\times1\ 400$	单排脚手架横向水平杆
	DHG－180	$\phi48\times3.5\times1\ 800$	
斜杆	XG－170	$\phi48\times3.5\times1\ 697$	框架斜撑
	XG－216	$\phi48\times3.5\times2\ 160$	
	XG－234	$\phi48\times3.5\times2\ 343$	
	XG－255	$\phi48\times3.5\times2\ 546$	
	XG－300	$\phi48\times3.5\times3\ 000$	
立杆垫座	LDZ	$150\times150\times180$	立杆底部垫板
立杆可调座	KTZ－30	0～300	立杆底部可调节高度支座
	KTZ－60	0～600	
立杆粗细调座	CXZ－60	0～600	立杆底部有粗细调座，可调节高度支座

2. 辅助构件

辅助构件是用于作业面及附壁拉结等的杆件，按其用途可分成三类。

（1）用于作业面的辅助构件

1）间横杆。为满足其他普通钢脚手板和木脚手板的需要而设计的构件，由钢管两端焊接“∩”形钢板制成，可搭设于主架横杆之间的任意部位，用以减小支撑间距和支撑挑头脚手板。

2）脚手板。脚手板可以使用碗扣式钢管脚手架配套设计的钢制脚手板，也可使用其他普通脚手板、木脚手板、竹脚手板等。

3）斜道板。用于搭设车辆及行人栈道，坡度为1∶3，由2 mm厚钢板制成，宽度为540 mm，长度为1 897 mm，上面焊有防滑条。

4）挡脚板。挡脚板是为保证作业安全而设计的构件，在作业层外侧边缘连于相邻两立杆间，以防止作业人员踏出脚手架，用2 mm 厚钢板制成。

5）挑梁。挑梁是为扩展作业平台而设计的构件，有窄挑梁和宽挑梁两种。窄挑梁由一端焊有横杆接头的钢管制成，悬挑宽度为300 mm，可在需要位置与碗扣接头连接。宽挑梁由水平杆、斜杆、垂直杆组成，悬挑宽度为600 mm，也是用碗扣接头同脚手架连成一个整体，其外侧垂直杆上可再接立杆。

6）架梯。架梯是用于作业人员上下脚手架的通道，由钢踏步板焊在槽钢上制成，两端有挂钩，可牢固地挂在横杆上。对于普通1 200 mm 廊道宽的脚手架刚好装两组，可成折线上升，并可用斜杆、横杆作栏杆扶手，使用安全。

（2）用于连接的辅助构件

1）立杆连接销。立杆连接销是立杆之间连接用的锁定构件，为弹簧钢销扣结构，由 ϕ10 mm 钢筋制成。

2）直角撑。直角撑是为连接两交叉的脚手架而设计的构件，由钢管一端焊接横杆接头，另一端焊接“∩”形卡制成。

3）连墙撑。连墙撑使脚手架与建筑物的墙体结构等牢固连接，加强脚手架抵御风荷载及其他水平荷载的能力，防止脚手架倒塌且增强稳定承载力。

4）高层拉接杆。高层拉接杆是高层脚手架卸荷专用构件，由预埋件、拉杆、索具螺旋扣、管卡等组成，其一端用预埋件固定在建筑物上，另一端用管卡同脚手架立杆连接，通过调节中间的索具螺旋扣，把脚手架吊在建筑物上，达到卸荷的目的。

（3）其他用途的辅助构件

1）立杆托撑。插入顶杆上端，用于支撑架顶托，以支撑横梁等承载物，由“U”形钢板焊接连接管制成。

2）立杆可调托撑。作用同立杆托撑，但长度可调，可调范围为0～600 mm。

3）横托撑。用于重载支撑架横向限位或墙壁模板的侧向支撑构件。由钢管焊接横杆接头，并装配托撑组成。

4）可调横托撑。把横托撑中的托撑换成可调托撑（或可调底座）即成为可调横托撑，可调范围为0～300 mm。

5）安全网支架。安全网支架是固定于脚手架上，用以绑扎安全网的构件，由拉杆和撑杆组成，可直接用碗扣接头连接固定。

3. 专用构件

专用构件是具有专门用途的构件，分为以下四类。

（1）支撑柱专用构件

由0.3 m长横杆和立杆、顶杆连接成支撑柱，作为承重构杆单独使用或组成支撑柱群。为此，设计了支撑柱垫座，支撑柱转角座和支撑柱可调座等专用构件。

1）支撑柱垫座。支撑柱垫座是安装于支撑柱底部，均匀传递其荷载的垫座。由底板、筋板和焊于底板上的四个柱销制成，可同时插入支撑柱的四个立杆内，从而增强支撑柱的整体受力性能。

2）支撑柱转角座。作用同支撑柱垫座，但可以转动，使支撑柱不仅可用于垂直方向支撑，而且可以用于斜向支撑，其可调偏角为 ±10°。

3）支撑柱可调座。对支撑柱底部和顶部均适用，安装于底部作用同支撑柱垫座，但高度可调，可调范围为 0 ~ 300 mm；安装于顶部即为可调托撑，与立杆可调托撑不同的是它作为一个配件需要同时插入支撑柱四根立杆内，与支撑柱成为一体。

（2）提升滑轮

提升滑轮是为提升小物料而设计的构件，与宽挑梁配套使用。由吊柱、吊架和滑轮等组成，其中吊柱可直接插入宽挑梁的垂直杆中固定。使用时，将滑轮吊挂件插入宽挑梁垂直杆下端的固定孔中，并用销钉锁定即可，如图 3—3 所示。

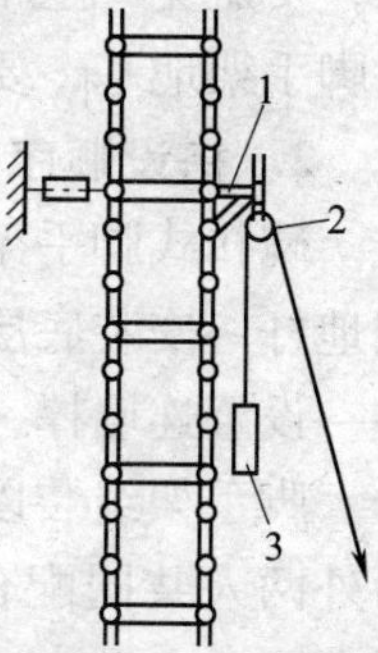

图 3—3　提升滑轮

1—TL—60 宽挑梁

2—ML—1 提升滑轮

3—提升物料

（3）悬挑架

悬挑架是为悬挑脚手架专门设计的一种配件，由挑杆和撑杆等组成，挑杆和撑杆用碗扣接头固定在楼内支撑架上，可直接从楼内挑出，在其上搭设脚手架，不需要埋设预埋件。悬挑脚手架宽度设计为 900 mm。

（4）爬升挑梁

爬升挑梁是为爬升脚手架设计的一种专用配件，可用它作依托，在其上搭设悬空脚手架，并随建筑物升高而爬升，由钢管、挂销、底座等组成。爬升脚手架宽度设计为 900 mm。

第二节　碗扣式钢管脚手架的搭设与拆除

一、搭设碗扣式钢管脚手架

1. 搭设前的准备工作

碗扣式脚手架搭设前的准备工作基本同扣件式脚手架搭设前的准备工作，包括脚手架布架设计、架料检验、地基处理等主要内容。在地基处理时，由于碗扣式脚手架对地基沉陷较敏感，要避免产生不均匀的沉陷，对荷载较大的支撑脚手架或高层脚手架地基，要经验算后确定处理方法。

2. 搭设顺序

碗扣式脚手架的搭设顺序：安放立杆底座→树立杆、安放扫地杆→安装底层横杆→安装斜杆→铺放脚手板→上层框架安装→设置连墙撑→架设人行梯→安装作业层防护设施。

脚手架组装以 3 ~ 4 人为一个小组为宜，其中 1 ~ 2 人递料，另外两人共同配合组装，每人负责一端。组装时，要求最多两层向同一方向，或由中间向两边推进，不得从两边向中间合拢组装，否则中间杆件会因两侧架子刚度太大而难以安装。

3. 搭设步骤

（1）安放立杆底座

在处理好的地基上放线、安放立杆底座。架设在坚实平整地基基础上的脚手架，其立杆底座可直接用立杆垫座；地势不平或高层重载脚手架底部应用立杆可调底座；当相邻立杆地基高差小于 600 mn 时，可直接用立杆可调底座调整立杆地基高度，使立杆碗扣接头处于同一水平面内；当相邻立杆地基高差大于 600 mm 时，则可先调整立杆节间，即对于高差超过

600 mm的地基，立杆相应增加一个节间600 mm，使同一层碗扣接头的高差小于600 mm，再用立杆可调底座调整高度，使其处于同一水平面上，以便安装横杆，如图3—4所示。

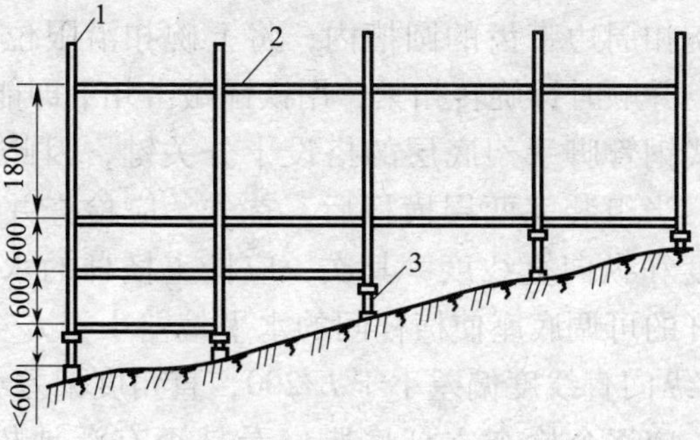

图3—4　地势不平地基的立杆布置

1—立杆　2—横杆　3—可调底座

（2）树立杆、安放扫地杆

在安放好的底座上插入立杆。第一层立杆应采用3.0 m和1.8 m两种不同长度立杆交错布置，使立杆接头相互错开，如图3—5所示。上面各层均采用3 m长立杆接长，顶部再用1.8 m长立杆找平。

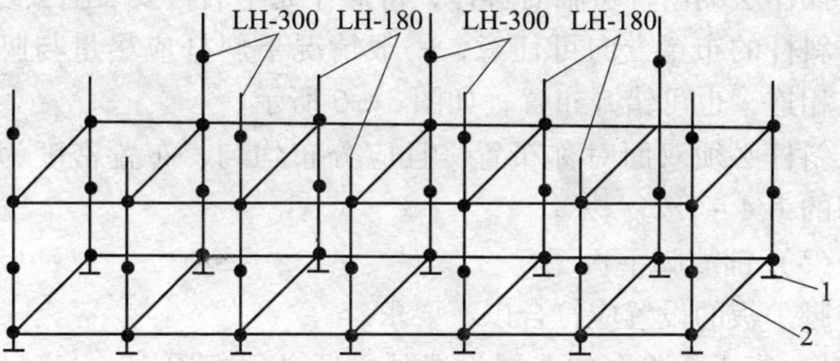

图3—5　第一层立杆交错布置

1—可调底座　2—底部横杆

在装立杆的同时应及时设置扫地杆，将立杆连接成一个整体，以保证框架的整体稳定。

（3）安装底层横杆

立杆与横杆的连接靠碗扣接头。连接横杆时，先将横杆接头插入下碗扣周边带齿的圆槽内，将上碗扣沿限位销滑下扣住横杆接头，并顺时针旋转扣紧，用铁锤敲击几下即能牢固锁紧。

碗扣式钢管脚手架底层的搭设十分关键，因此要严格控制搭设质量。当组装完两层横杆后，首先，应检查并调整水平框架的直角度和纵向直线度；其次，应检查横杆的水平度，并通过调整立杆的可调底座使横杆间的水平偏差小于 $L/400$（L 为框架长度），纵向直线度偏差小于 $L/200$，直角度偏差小于 3.5°。

同时，应逐个检查立杆底脚，看是否有浮地松动的情况，当底层架检查符合要求后，检查所有碗扣接头，并锁紧。

（4）安装斜杆

斜杆的安装可以增强脚手架结构的整体刚度，提高其稳定承载的能力，各种斜杆在横杆安装的同时同步安设。斜杆布置按以下要求：脚手架高度低于 30 m 时，斜杆的布置密度为整架面积的 1/4 ~ 1/2；脚手架高度高于或等于 30 m 时，斜杆的布置密度为整架面积的 1/3 ~ 1/2。斜杆要双面对称布置，并均匀分布。操作层的斜杆可临时拆掉，待操作完毕后再安装上去。

斜杆的布置方向可任意，一般情况下斜杆应尽量与脚手架节点相连，也可错开布置，如图 3—6 所示。

斜杆必须双面对称布置，且应分布均匀，布置密度为整架面积的 1/4 ~ 1/2。

（5）铺放脚手板

脚手板的设置应符合以下要求：

1）脚手板除在作业层设置外，还必须每隔 10 m 高度设置一层，以防高空坠物伤人和砸碰脚手架框架而造成框架失稳。

2）作业层的脚手板应满铺。当采用配套设计的钢脚手板时，钢脚手板的挂钩必须完全落入横杆上，不允许浮放。采用搭边横杆时，木脚手板的两端必须落入边角内，前后活动量控制在 5 mm 以内。

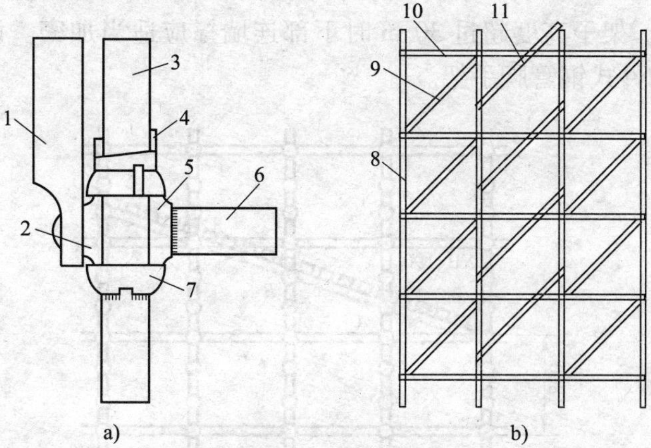

图 3—6　斜杆布置

a）斜杆节点构造　b）斜杆布置构造图

1—斜杆　2—斜杆接头　3、8—立杆　4—限位销

5—横杆接头　6、10—横杆　7—下碗扣　9—节点斜杆　11—非节点斜杆

3）作业层的脚手板框架外侧必须增设两道横杆扶手。

4）斜脚手板的挂钩点必须根据设计增设横杆，如图 3—7 所示的斜脚手板，升坡坡度为 1∶3，故必须在图 3—7 中 *A*、*B*、*C* 等挂钩点增设横杆。

（6）上层框架安装

立杆的接长是靠焊于立杆顶端的连接管承插而成，立杆插好后，使上部立杆底端连接孔同下部立杆顶端连接孔对齐，插入立杆连接销并锁定即可。再重复以上操作直至完成上层框架的安装。

（7）设置连墙撑

连墙撑是脚手架与建筑物之间的连接件，对提高脚手架的横向稳定性，承受偏心荷载和水平荷载等具有重要作用。连墙撑必须与架子的升高同步，并在规定的位置安装，不得后补或任意拆除。建筑物的每一个楼层都必须与脚手架连接，连墙撑按每 15 ~20 m^{2}设一个（大致水平方向 3 ~4 根立杆、竖向三步架高）。架子高度超过 30 m 时下部连墙撑应适当加密。设置方法同扣件式钢管脚手架。

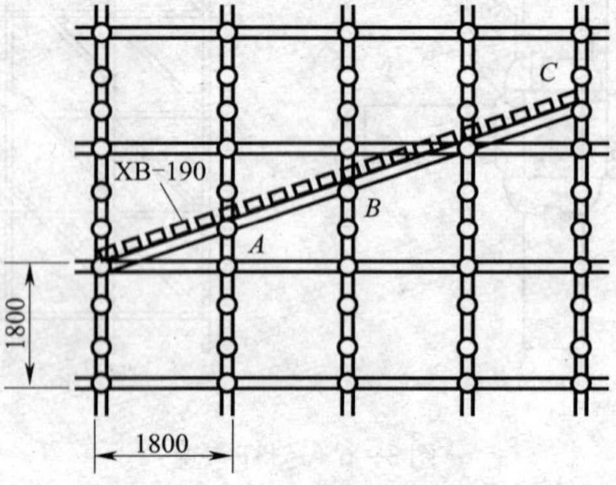

图 3—7　斜脚手板的设置

连墙撑固定方法如图 3—8 所示。

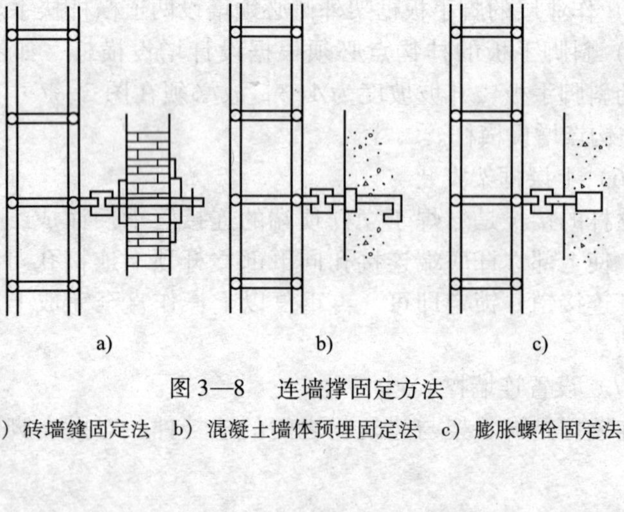

图 3—8　连墙撑固定方法

a）砖墙缝固定法　b）混凝土墙体预埋固定法　c）膨胀螺栓固定法

1）砖墙缝固定法。在砌砖墙时，预先在砖墙中埋入螺栓，然后将框架用连接杆与其相连，如图 3—8a 所示。

2）混凝土墙体预埋固定法。在结构施工时，按照脚手架施工组织设计要求预先埋入钢件，外带接头螺栓，组架时将框架与接头螺栓固定，如图 3—8b 所示。

3）膨胀螺栓固定法。在结构上按设计位置用射枪射入膨胀螺栓，然后将框架与膨胀螺栓固定，如图 3—8c 所示。

安装连墙撑时，应先检查预埋件或膨胀螺栓是否与结构连接牢固，连接不好的应补做。

（8）架设人行梯

架梯设在 1.8 m×1.8 m 的脚手架框架内，其上有挂钩，直接挂在横杆上。梯子宽为 540 mm，一般 1.2 m 宽脚手架可布置两个，可在一个框架内呈折线形布置。人行梯转角处的水平框架要铺设脚手板，在立面框架上安装斜杆和横杆作为扶手，如图 3—9 所示。

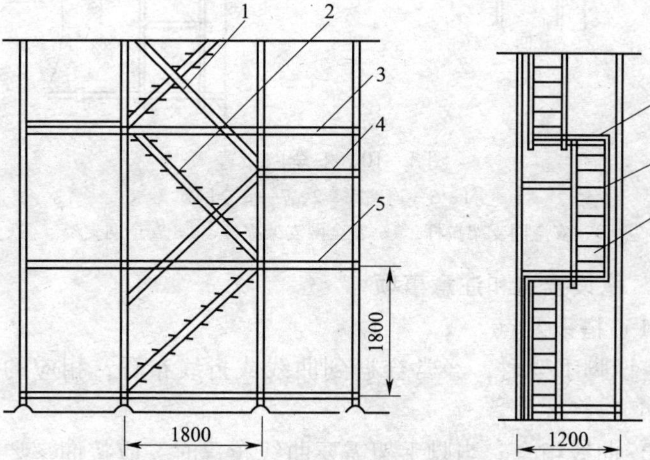

图 3—9　人行梯的设置

1—扶手斜杆　2、8—梯子　3—横杆　4、7—扶手横杆　5、6—脚手板

（9）安装作业层防护设施

作业层必须铺满脚手板，外侧应设 180 mm 高的挡脚板及安全栏杆。安全栏杆可用横杆在立杆 600 ~ 1 200 mm 高的碗扣接头处搭设两道。

沿脚手架外侧通常应挂满封闭式安全网（立网），并应与脚手架立杆、横杆绑扎牢固，绑扎间距应不大于 0. 30 m。根据规定在脚手架底部和层间设置水平安全网，使用安全网支架，可直接用碗扣接头把安全网支架固定在脚手架上。安全网布置如图 3—10 所示。

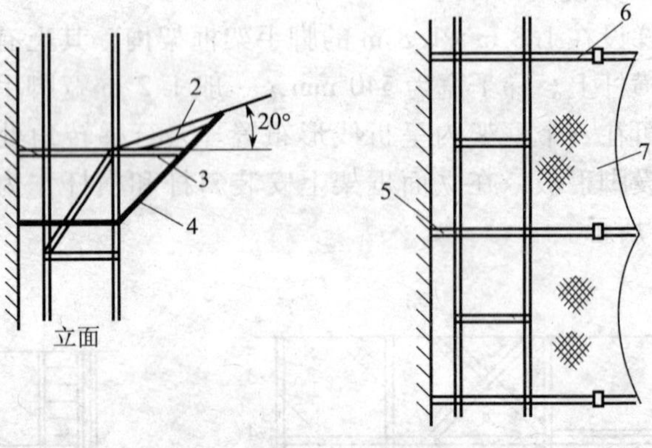

图 3—10　安全网布置

1、5—连墙撑　2、7—安全网

3—安全网支架拉杆　4—安全网支架撑杆　6—安全网支架

4. 搭设要点和注意事项

（1）搭设要点

搭设脚手架时，经常会遇到曲线或折线布置，相应的搭设要点如下：

1）曲线组合。当脚手架需要曲线布置时，应按曲率要求使用不同长度的横杆进行组合，但曲率半径不能小于 2. 4 m，脚手架曲线布置如图 3—11 所示。曲线组合参数见表 3—3。

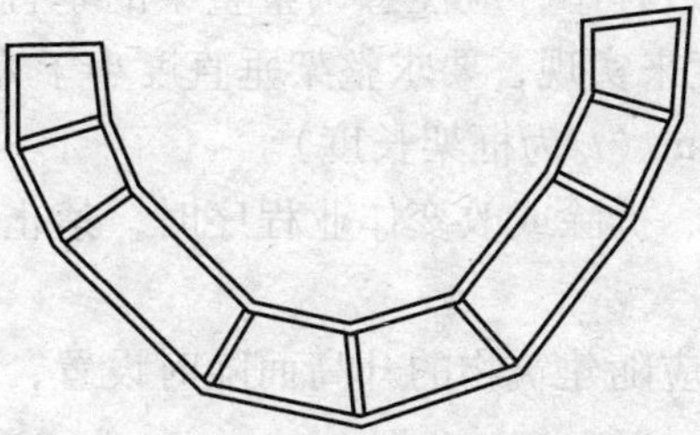

图 3—11　脚手架曲线布置

表 3—3　　　　**曲线组合参数**

横杆组合长度	每组转角	每组曲率半径（m）
横杆长 2.4 m、1.8 m	28°	3.6
横杆长 2.8 m、1.2 m	28°	2.4
横杆长 1.2 m、0.9 m	14.25°	3.0

2）直角交叉。脚手架直角交叉时，可采用直接拼接或用直角撑实现任意部位直角交叉，如图 3—12 所示。

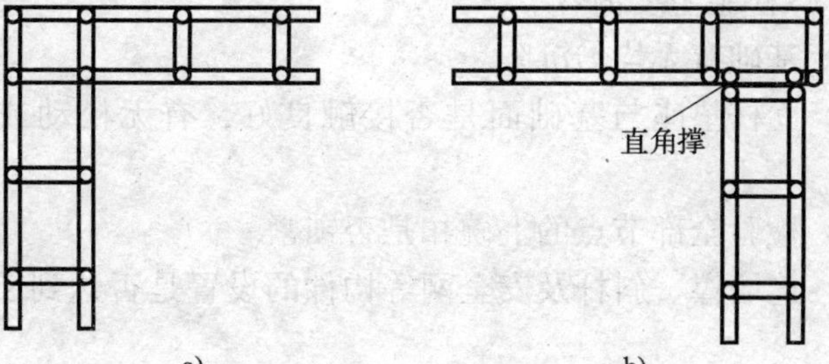

图 3—12　直角交叉
a）直接拼接　b）用直角撑搭接

（2）注意事项

在碗扣式钢管脚手架的搭设过程中，应遵守以下注意事项：

1）所有构件都应按设计要求及脚手架有关规定设置。

2）在搭设过程中，应注意调整整架的垂直度，一般通过调整连墙撑的长度来实现，要求整架垂直度小于 $L/500$，但最大允许偏差为 100 mm（L 为框架长度）。

3）在搭设、拆除或改变作业程序时，禁止人员进入危险区域。

4）脚手架应随建筑物的升高而随时设置，一般不应超出建筑物二步架。

5）单排横杆插入墙体后，应将夹板用榔头击紧，不得浮放。

5．登架检验与验收

（1）检查阶段

在下列阶段应对脚手架进行检查：

1）每搭设 10 m 后。

2）达到设计高度时。

3）遇有 6 级及 6 级以上大风和大雨、大雪之后。

4）停工超过 1 个月恢复使用前。

（2）检验主要内容

1）基础有无均匀沉陷。

2）立杆垫座与基础面是否接触良好，有无松动或脱离情况。

3）检验全部节点的上碗扣是否锁紧。

4）连墙撑、斜杆及安全网等构件的设置是否达到了设计要求。

5）荷载是否超过规定。

（3）主要技术要求

1）地基基础表面要坚实平整，垫板放置牢靠，排水通畅。

2）不允许立杆有浮动松动现象。

3）整架垂直度应小于 $L/500$，但最大允许偏差为 100 mm（L 为框架长度）。

4）对于直线布置的脚手架，其纵向直线度偏差应小于 $L/200$。

5）横杆的水平度，横杆两端的高度偏差应小于 $L/400$。

6）所有碗扣接头必须锁紧。

6. 使用过程中的管理

（1）脚手架内外侧加挑梁时，挑梁范围内只允许承受人行荷载，严禁堆放物料。

（2）在使用过程中，应定期对脚手架进行检查，严禁乱堆乱放，应及时清理各层堆积的杂物。

（3）不得将脚手架构件等物体从过高的地方抛掷，不得随意拆除已投入使用的脚手架构件。

二、拆除碗扣式钢管脚手架

脚手架使用完毕要进行拆除工作，拆除前应制定拆除方案以确保安全。

1. 碗扣式脚手架的拆除顺序

脚手架拆除应从顶层开始，先拆横杆，后拆立杆，逐层往下拆除，禁止上下层同时或阶梯形拆除。

具体操作步骤与搭设顺序相反，可按如下顺序完成拆除工作：

安全网→人行梯→连墙撑→横杆→立杆连接销→脚手板→斜杆→立杆→立杆底座。

2. 拆除要点与注意事项

（1）脚手架拆除前，应由单位工程负责人对脚手架做全面检查，确认可以拆除后方可实施拆除。

（2）脚手架拆除前应制定拆除方案并向拆除人员技术交底，清除所有多余物件后，方可拆除。

（3）拆除脚手架时，必须划出安全区，设警戒标志，并设专人看管拆除现场。

（4）连墙拉结杆件只有拆到该层时方可拆除，禁止在拆架前先拆连墙拉结杆件。

（5）拆除的构件应用吊具吊下或人工递下，禁止从高空往下抛掷。

（6）局部脚手架如需保留时，应有专项技术措施，经上一级技术负责人批准，安全部门及使用单位验收，办理签字手续后方能使用。

（7）拆除到地面的构配件应及时清理、维护并分类堆放，以便运输和保管。

第三节　碗扣式钢管脚手架的检查验收

一、检查与验收

1．进入现场的构配件应具备以下证明资料：

（1）主要构配件应有产品标识及产品质量合格证。

（2）供应商应配套提供钢管、零件、铸件、冲压件等材质、产品性能检验报告。

2．构配件进场应重点检查以下部位的质量：

（1）钢管壁厚、焊接质量、外观质量。

（2）可调底座和可调托撑材质及丝杆直径、与螺母配合间隙等。

3．双排脚手架搭设应重点检查下列内容：

（1）保证架体几何不变性的斜杆、连墙件等设置情况。

（2）基础的沉降，立杆底座与基础面的接触情况。

（3）上碗扣锁紧情况。

（4）立杆连接销的安装、斜杆扣接点、扣件拧紧程度。

4. 双排脚手架搭设质量应按下列情况进行检查：

（1）首段高度达到 6 m 时，应进行检查与验收。

（2）架体随施工进度升高应按结构层进行检查。

（3）架体高度大于 24 m 时，在 24 m 处或在设计高度的一半（$H/2$）处及达到设计高度后，进行全面检查与验收。

（4）遇 6 级及 6 级以上大风和大雨、大雪后，施工前检查。

（5）停工超过一个月恢复使用前。

5. 双排脚手架搭设过程中，应随时进行检查，及时解决存在的结构缺陷。

6. 双排脚手架验收时，应具备下列技术文件：

（1）专项施工方案及变更文件。

（2）安全技术交底文件。

（3）周转使用的脚手架构配件使用前的复验合格记录。

（4）搭设的施工记录和质量安全检查记录。

（5）模板支撑架浇筑混凝土时，应由专人全过程监督。

二、安全使用与管理

1. 作业层上的施工荷载应符合设计要求，不得超载，不得在脚手架上集中堆放模板、钢筋等物料。

2. 混凝土输送管、布料杆、缆风绳等不得固定在脚手架上。

3. 遇 6 级及 6 级以上大风、雨雪、大雾天气时，应停止脚手架的搭设与拆除作业。

4. 脚手架使用期间，严禁擅自拆除架体结构杆件；如需拆除必须修改施工方案并报请原方案审批人批准，确定补救措施后方可实施。

5. 严禁在脚手架基础及邻近处进行挖掘作业。

6. 脚手架应与输电线路保持安全距离，施工现场临时用电线路架设及脚手架接地防雷措施等应按国家现行标准《施工现场临时用电安全技术规范》（JGJ 46—2005）的有关规定执行。

7. 搭设脚手架人员必须持证上岗。上岗人员应定期体检，合格者方可持证上岗。

8. 搭设脚手架人员必须戴安全帽、系安全带、穿防滑鞋。

第四章 门式钢管脚手架

门式钢管脚手架也称为多功能脚手架，最高可搭设60 m，采用定型产品，各构配件尺寸小、质量轻，主要连接采用插接（锁接）方式，装拆方便快捷、劳动强度低、应用范围十分广泛。它既可以作为高层建筑、高耸构筑物施工和装修用的脚手架，又可以作为结构、设备安装等满堂脚手架，还可作为建筑、桥梁、隧道、地铁等工程施工的模板支撑架。

门式钢管脚手架几何尺寸标准化，结构合理，受力性能好，可充分利用钢材强度，承载能力高，施工中装拆容易、架设效率高，省工省时、安全可靠、经济实用。门式钢管脚手架设计计算和施工应当遵守《建筑施工门式钢管脚手架安全技术规范》（JGJ 128—2001）的规定。

第一节 门式钢管脚手架的基本结构与构配件

一、基本结构及构造特点

1. 基本结构

门式钢管脚手架是由钢管制成的定型脚手架，由门架、交叉支撑、连接棒、挂扣式脚手板和水平架、锁臂等基本构配件组成。搭设时设置加固杆件，用于增强脚手架的刚度和稳定性，并在脚手架的竖向和横向每隔一定距离用连墙杆与主体结构相连。门式钢管脚手架的组成如图 4—1 所示。

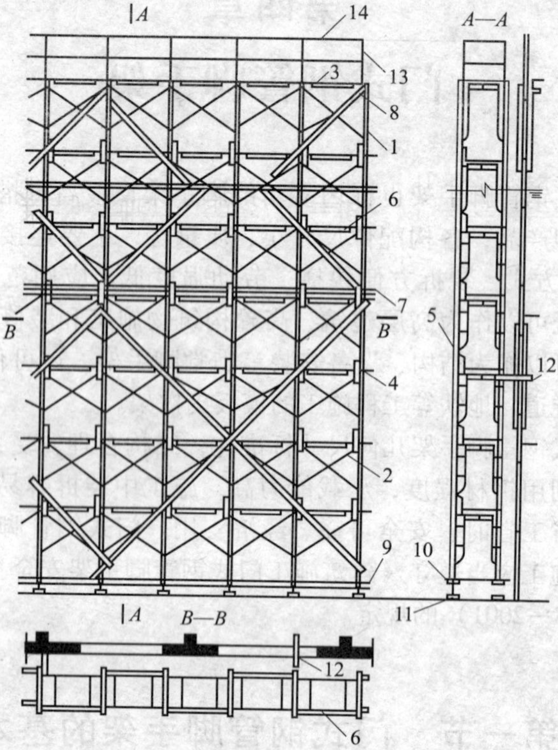

图 4—1　门式钢管脚手架的组成

1—门架　2—交叉支撑　3—挂扣式脚手板　4—连接棒　5—锁臂　6—水平架　7—水平加固杆　8—剪刀撑　9—扫地杆　10—封口杆　11—可调底座　12—连墙杆　13—栏杆柱　14—栏杆扶手

整体式门式钢管脚手架如图 4—2 所示。

2. 门式钢管脚手架的构造特点

（1）主要构配件采用插接、锁接方式

上下榀门架之间采用连接棒、锁臂插接，交叉支撑与门架立杆采用锁销锁接。

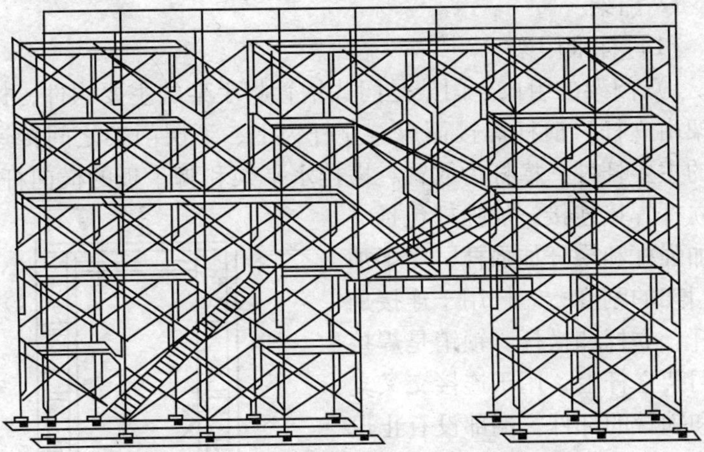

图 4—2　整体式门式钢管脚手架

(2) 用水平架、水平加固杆增强脚手架整体性

在脚手架顶层的上部、各连墙件设置层等位置增设水平架；当门架高度超过四步后，沿脚手架纵向用水平加固杆（钢管）将全部门架连接起来，形成水平封闭的闭合圈。另外，挂扣式脚手板也有增强脚手架整体性的作用。

(3) 用可调底座调节门架的水平度

为保证门架步架高度水平，门式钢管脚手架配有可调高度的底座，特别是用于模板支撑和满堂支撑架时，采用可调底座更能突出其优点。

二、门式钢管脚手架基本构配件

门式钢管脚手架基本组合单元的主要构件为门形架、梯形架、窄形架、承托架等。配件有交叉支撑、挂扣式脚手板、水平架、连接棒、锁臂、可调底座、固定底座、可调托座、固定托座、钢梯、栏杆柱及栏杆扶手等。加固件有水平加固杆、剪刀撑、扫地撑、封口杆及扣件、连墙杆等，加固件的作用是增强脚手架的刚度、整体性和稳定性，并使脚手架与结构连接牢固。

1. 门架

（1）标准门架

1）门架的组成。门架是门式钢管脚手架的主要构件，标准门架由立杆、横杆焊接而成。立杆为上、下层门架之间传递荷载的主要杆件；横杆为放置、搭挂水平架和脚手板的横向杆件，与立杆焊接连接；加强杆包括立杆加强杆和横杆加强杆，用于加强门架的刚度；短杆用于连接加强杆、立杆和横杆。锁销是焊接于门架立杆上，用于连接交叉支撑和锁臂的部件，端部设有止退锁片，如图 4—3 所示。

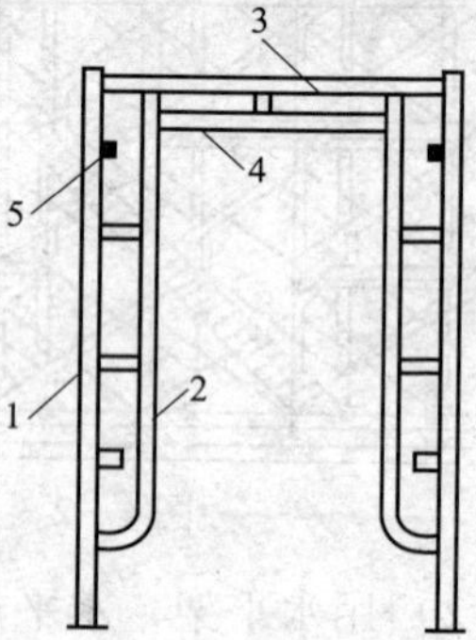

图 4—3　门架构造

1—立杆　2—立杆加强杆　3—横杆　4—横杆加强杆　5—锁销

标准门形架形式如图 4—4 所示，其宽度有 1.5 m 和1.6 m 两种，高度有1.3 m、1.8 m 和 2 m三种。

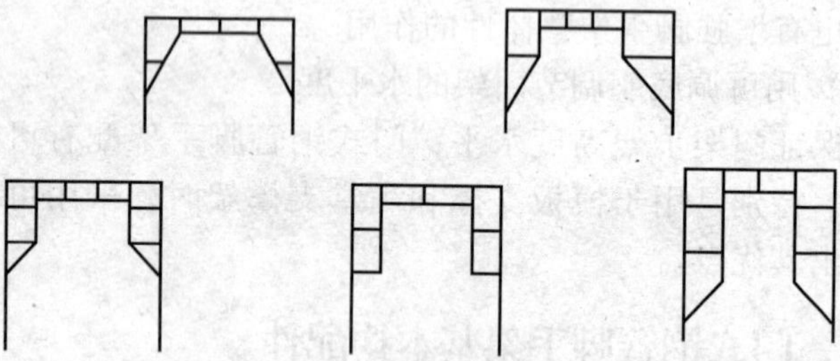

图 4—4　标准门形架形式

2）门架的主要形式。门架的主要形式有三边门框式和四边门框式两类。

3）门架的材料及规格。门架材料主要有低压流体输送用钢管（水、煤气管）、高频焊接钢管两种，钢材牌号为 Q235。门架杆件规格、尺寸及允许偏差见表 4—1。

表 4—1　　门架杆件规格、尺寸及允许偏差

名称	外径（mm）	壁厚（mm）	允许偏差	
			外径（mm）	壁厚（mm）
立杆、横杆、水平架横杆	42	2.5	±0.5	±0.3
其他	22～36	1.5～2.6	±0.5	±（0.25～0.3）

门架分类、代号及外形尺寸见表 4—2。

表 4—2　　门架分类、代号及外形尺寸

名称	分类	代号	外形尺寸（mm）	
			宽度	高度
门架	门形架	MF××××	1 200	1 900 1 700 1 500
	梯形架	LF××××	1 200	1 200 900
	窄形架	NF××××	600 900 1 200	1 700

（2）梯形架

梯形架是用于调节门架高度和组成活动操作平台的一种特殊形式门架，也常用于模板支撑架。其宽度同门架，高度有 1 524 mm、1 200 mm、900 mm、600 mm、490 mm 等规格。

（3）窄形架

窄形架是一种宽度小于标准门架的异形门架，主要用于装修、抹灰、吊顶、安装门窗和玻璃等轻作业。

（4）承托架

承托架是调整、改变门式钢管脚手架宽度的过渡门架，其下部宽度与窄形架相同，上部宽度同门架，或者相反。承托架上宽下窄，或上窄下宽，没有带斜支杆的悬臂支撑部分，有承受偏心荷载的作用。

2. 配件

门架配件是门架基本组合单元的专用配件。

(1) 交叉支撑

交叉支撑是纵向连接每两榀门架的交叉型拉杆。两交叉杆件中部钻有圆孔，用螺栓固定，可转动以便于运输和安装。杆件两端压扁部分钻有销孔，组装时与门架立杆上的锁销锁牢。

(2) 挂扣式脚手板

挂扣式脚手板是挂扣在门架横杆上的专用脚手板，用于施工作业层，供操作人员站立，同时还可增加门架基本组合单元的刚度。挂扣式脚手板板面有木板、钢板、冲孔钢板等几种，应具有足够的刚度和防滑功能；脚手板四周和中间由薄钢板冲压成形的型钢焊接成边框，四角焊接或铆接搭钩，搭钩上设置防止脚手板滑脱的自锁挡板。

(3) 水平架

水平架是挂扣在门架横杆上的水平框架。在非施工作业层代替脚手板，以增加脚手架的刚度。水平架由水平架横杆、短横杆和搭钩焊接而成。挂扣式脚手板采用搭钩挂扣在门架横杆上。

(4) 连接棒

连接棒是用于门架竖向组装、接高的连接件。安装时插入上、下门架立杆中，连接棒由棒体和套环组成，套环用冲压或中间钻钻塞焊的方法与棒体固定。

(5) 锁臂

锁臂是上、下门架组装接头处的拉结件。锁臂由钢片制成，两端钻有销钉孔，施工时将交叉支撑和锁臂先后插入锁销中，限制门架及连接棒拔出。

(6) 底座

底座由底板、套管两部分焊成。底板一般用边长为 150 ~ 200 mm、厚为 8 ~ 10 mm 的钢板；套管一般用直径为 32 mm、壁厚为 2.5 mm、长为 100～150 mm 的钢管，顶端封严，如图 4—5 所示。

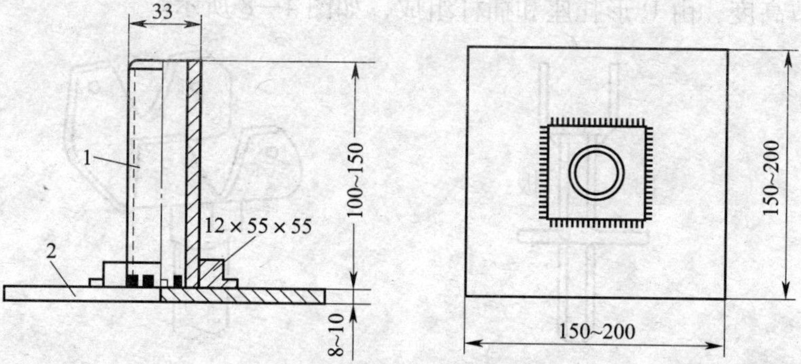

图 4—5 底座

1—套管 2—底板

（7）可调底座

可调底座是安放在底部门架立杆下部的支座。用于扩大门式脚手架立杆的支撑面积，将竖向荷载传给脚手架基础，并可调节脚手架的高度及整体水平度、垂直度。可调底座由螺杆、调节扳手和底板组成。调节高度有 250 mm 和 520 mm 两种，如图 4—6 所示。

图 4—6 可调底座

（8）固定底座

固定底座又称简易底座，其作用同可调底座，但不能调节高度，由底板和插杆组成。

（9）可调托座

可调托座插放在顶部门架（或调节架）立杆上端，用于承受模板托梁传递来的施工荷载，可调节支撑高度，调节高度有 250 mm 及 520 mm 两种。可调托座由螺杆、调节扳手、U 形顶托组成，如图 4—7 所示。

（10）固定托座

固定托座又称简易托座，作用与可调托座相同，但不能调节高度，由 U 形托座和插杆组成，如图 4—8 所示。

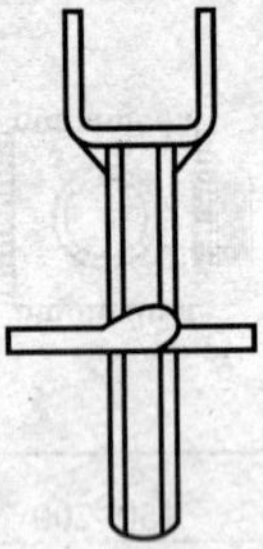

图 4—7　可调托座

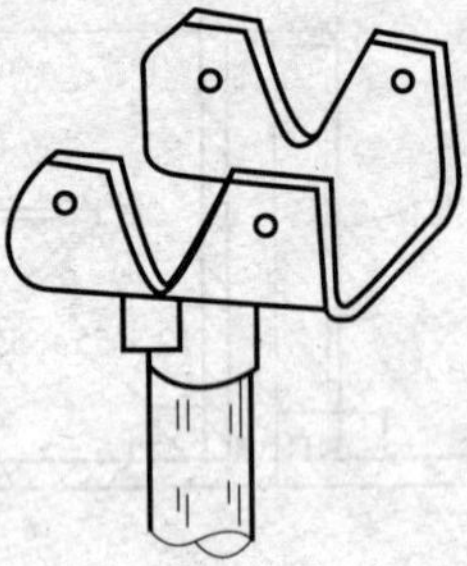

图 4—8　固定托座

（11）三角挑架

三角挑架一般用 $\phi 12 \sim 20$ mm 的钢筋和钢板焊成。端部焊有钢筋挡头，用于挡住脚手板。挑架底端的钢板做成圆弧形，用以箍住门架立杆。挑架顶部靠立杆一侧做成挂钩，用于与立杆的挂架管连接，如图 4—9 所示。

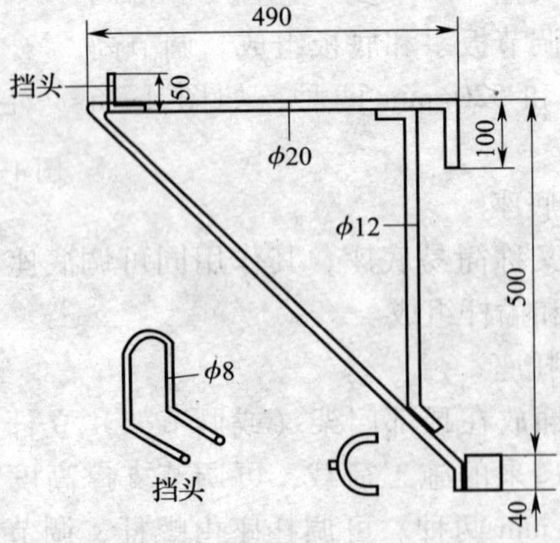

图 4—9　三角挑架

安装三角挑架时，要将挑架的挂钩插入门架立杆的挂架管中，底端的弧形钢板包夹在门形架的立管上，如图 4—10 所示。门架的内立杆应距墙面 550 ~ 600 mm，边缘距离墙面 50 ~ 60 mm。当不用三角挑架时，门架距墙面 50 ~ 60 mm。

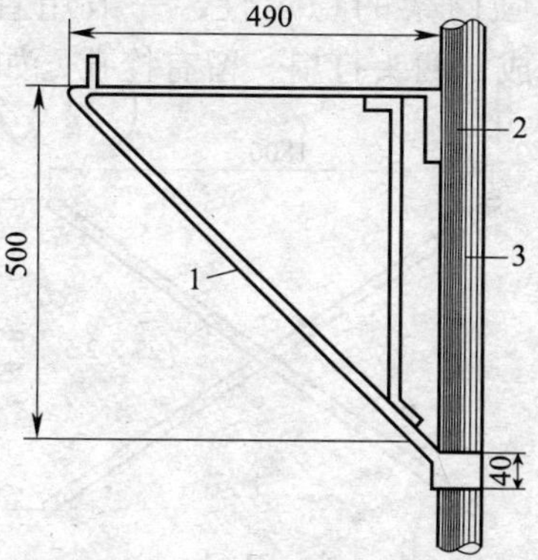

图 4—10　三角挑架的安装

1—三角挑架　2—挂架管　3—框架立管

（12）钢梯

钢梯是门式钢管脚手架内设置的供施工作业人员上下的专用梯子。由钢梯梁、踏板、搭钩等组成。钢梯挂扣在相邻上、下两步门架的横杆上，用防滑脱挡板与横杆锁扣牢固。踏板具有防滑功能。

（13）栏杆柱、栏杆扶手

栏杆柱、栏杆扶手是设置在门式钢管脚手架或活动操作平台顶部的安全防护装置。

栏杆立柱一般用直径 45 mm、壁厚 3 mm 的钢管制成，两侧焊有若干插管。栏杆扶手一般用直径 27 mm、壁厚 2. 5 mm 的钢管制成，两端弯折插入插管中。

3. 加固件

加固件是用于加强门式钢管脚手架整体刚度和稳定性的杆

件。常用材料为 ϕ48 mm×3.5 mm 或 ϕ42 mm×2.5 mm 的钢管，用扣件与门架立杆相连接。

（1）剪刀撑

剪刀撑设在门式钢管脚手架的外侧，是与墙面平行的交叉杆件，作用是增强门架的稳定性，一般用直径 27 mm、壁厚 2.5 mm的钢管制成，两头打扁，留有栓孔，如图 4—11a 所示。

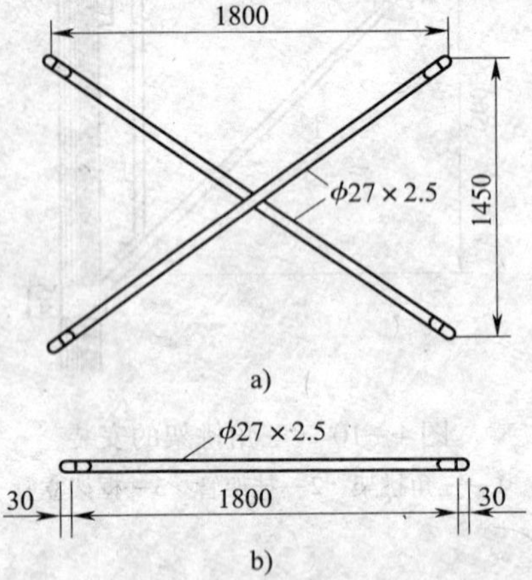

图 4—11　剪刀撑和水平撑

a）剪刀撑　b）水平撑

（2）水平撑

水平撑沿脚手架的外侧封闭设置，是与地面平行的杆件，对脚手架起环箍作用，以加强脚手架的整体性。一般用直径 27 mm、壁厚 2.5 mm 的钢管制成，两头打扁，留有栓孔，如图 4—11b 所示。

（3）扫地杆

扫地杆是在底部门架下端纵向设置的连续水平加固杆，用于调整和减小门架的不均匀沉降。

（4）封口杆

封口杆是在底层门架下端立杆间设置的横向水平杆件，为四边门框式结构。

（5）直角扣件和旋转扣件

直角扣件和旋转扣件是加固杆与门架立杆之间的连接件，使两立杆协同工作，分别用于垂直角度和任意角度的杆件连接。

（6）连墙件

连墙件是将门式钢管脚手架与建筑物相连接的部件。连墙件由连墙杆与锚固件组成。连墙杆能承受不大于 10 kN 的拉力和压力。连墙件分为钢连墙杆和木连墙杆拉结两种形式。钢连墙杆拉结是预先在结构中埋入销片，然后将连墙件的一端插入销片的预留栓孔中，另一端插入门架的挂架管中，具体还可分为夹固式和锚固式，如图 4—12 所示。

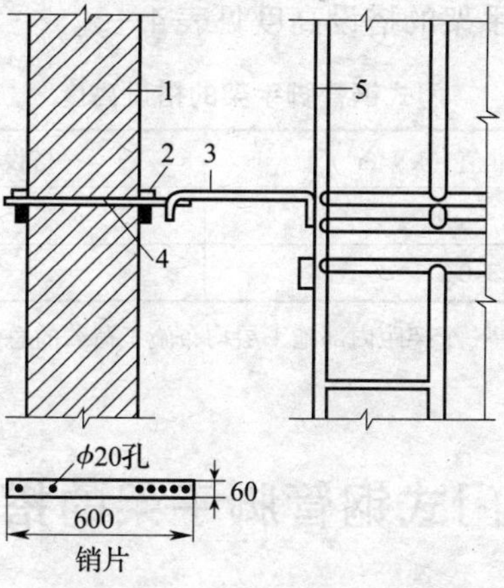

图 4—12　钢连墙杆拉结

1—墙　2—插销　3—连墙杆　4—销片　5—框架

木连墙杆拉结是将方木连墙杆顶住墙面，然后用 8 号铁丝绑扎在门架的横杆上，并用 8 号铁丝穿过结构预埋的钢筋环孔与门架拉结，这种方法的拉结力较小，如图 4—13 所示。

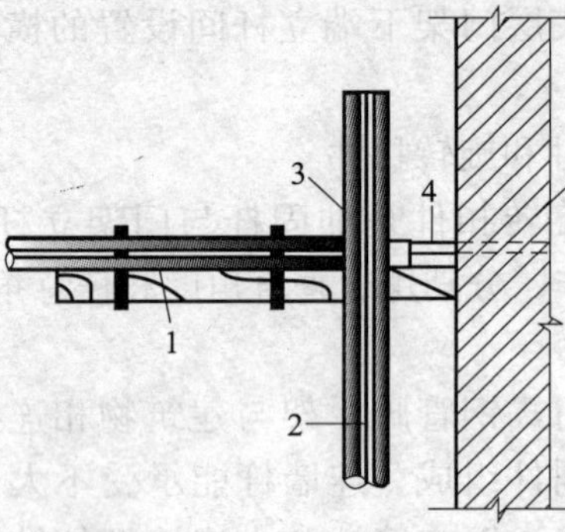

图 4—13 木连墙杆拉结

1—方木 2—框架 3—铁丝 4—钢筋环 5—墙

三、门式钢管脚手架的构造参数

门式钢管脚手架的搭设高度见表 4—3。

表 4—3 门式钢管脚手架的搭设高度

施工荷载标准值（kN/m^2）	搭设高度（m）
3.0～5.0	≤45
≤3.0	≤60

注：施工荷载是指一个架距内部施工层均布施工荷载的总和。

第二节 门式钢管脚手架的搭设与拆除

门式钢管脚手架的搭设主要包括制定搭设方案、安全防护工具准备、地基处理、架料检查等步骤。

一、门式钢管脚手架的搭设

门式钢管脚手架基本组合单元如图 4—14 所示。在门架立杆的竖直方向采用连接棒和锁臂接高，纵向以交叉支撑连接门架立杆，在架顶水平面使用挂扣式脚手板或水平架，由此构成门式钢管脚手架的基本组合单元。这些基本组合单元相互连接，逐层叠高，左右伸展，再增加水平加固杆、剪刀撑及连墙杆等杆件，便构成整体式门式钢管脚手架或模板支撑架。

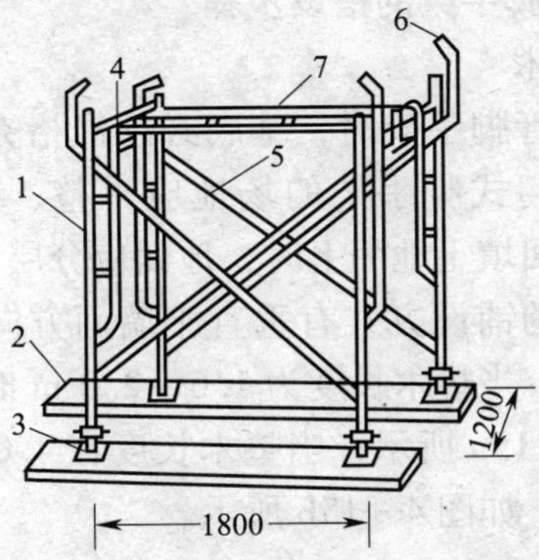

图 4—14　门式钢管脚手架基本组合单元

1—门架　2—垫木　3—可调底座　4—连接棒

5—交叉支撑　6—锁臂　7—水平架

搭设时，按放线先放好四个底座，将第一榀和第二榀门架装上去，随即把门架之间的剪刀撑安上去，以后每安好一榀门架，随即将其间的剪刀撑和水平撑安装上去，依次按步骤沿纵向逐榀安装。完成第一层门架安装以后，在门架顶上铺放一定数量的脚手板，在搭设第二层门架时，人就可以站在脚手板上操作，直至最后完成。

1. 脚手架的搭设顺序

脚手架的搭设应自一端到另一端，自下而上按步架设，并逐层改变架设方向，以减小架设误差。不得自两端单独相向架设或相间架设，以避免结合部位错位，难以连接。

门式脚手架一般按以下顺序搭设：铺设垫木→安放底座→自一端立门架并随即装交叉支撑→安装水平架（或脚手板）→

安装钢梯→安装水平加固杆→安装连墙件→重复以上步骤逐层向上安装→安装剪刀撑→装配顶部栏杆扶手。

脚手架的搭设速度应与结构施工相配合，一次搭设高度不应超过最上层连墙杆三步或自由高度不大于6 m，以保证脚手架安全稳定。

2. 门式钢管脚手架的搭设步骤

（1）铺设垫木

搭设门式钢管脚手架时，基底必须严格夯实找平，并铺底座。搭设落地式门式脚手架的场地应平整、坚实、排水良好。当脚手架架设在回填土地面上时，地面应分层回填，逐层夯实。

立杆下垫木的铺设方式有垂直于墙面方向横铺和平行于墙面方向顺铺两种。当垫木长度为1.6～2.0 m时，垫木宜采用横向铺设，如图4—15a所示；当垫木长度在4.0 m左右时，垫木宜采用纵向铺设，如图4—15b所示。

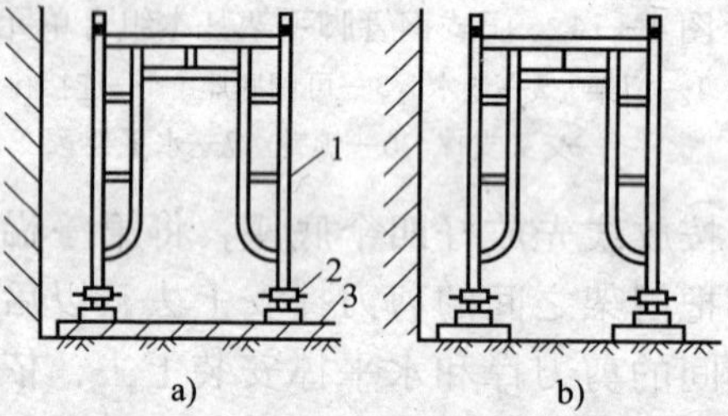

图4—15　铺设垫木

a）横向铺设　b）纵向铺设

1—门架　2—可调底座　3—垫木

（2）安放底座

应在第一步门架立杆下端设置可调底座或固定底座。门式钢管脚手架使用期超过3个月时，应用铁钉与垫木钉牢。当地基承载能力较差时，宜选用可调底座，以调整门式钢管脚手架的不均匀沉降。门式钢管脚手架分段搭设时，可采用固定底座。

（3）立门架

门架的选型应根据建筑物的形状、尺寸、高度和施工荷载、作业情况等条件确定，并绘制搭设构造、节点详图，供搭设人员参考。不同规格的门架由于尺寸、高度不同，不得混用。上、下门架立杆应在同一轴线位置上，以使门架传力均匀、明确。当门架立杆与连接棒配合过松、间隙较大时，应使连接棒居中安装，使轴线偏离不大于 2 mm。门架内侧立杆距离墙面净距宜不大于 150 mm，如大于 150 mm 时，应采取相应的安全防护措施。承托架由于承受偏心荷载，应与建筑物作可靠拉结。并在设计时考虑偏心受力影响，对脚手架进行计算。首层门形架的垂直度偏差不大于 2 mm，水平度偏差不大于 5 mm。门架的底部必须用扫地杆固定。

（4）设置交叉支撑

门式钢管脚手架内外侧均应设置交叉支撑，并与门架立杆上的锁销锁牢。由于施工操作要求，需要拆除内侧交叉支撑时（如抹灰、镶贴瓷砖或马赛克等装修作业），应在该门架单元上、下设置水平架或脚手板。施工操作完毕后，立即恢复安装交叉支撑；或采用在交叉支撑拆除单元上、下设置水平加固杆的方法，用扣件将水平加固杆与门架连接牢固，如图 4—16 所示。

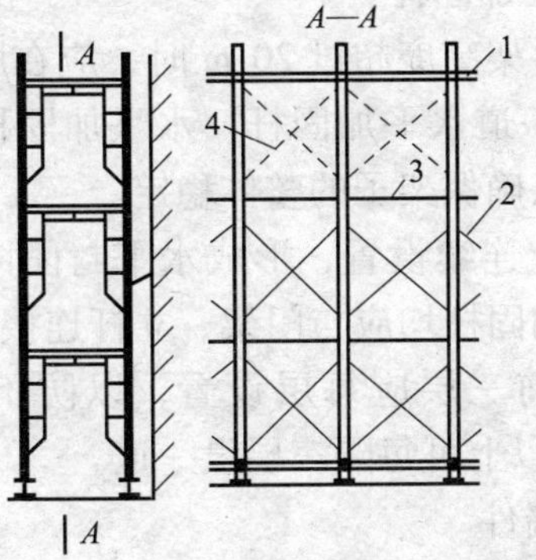

图 4—16　交叉支撑临时拆除示意图

1—水平加固杆　2—交叉支撑　3—水平架　4—临时拆除交叉拉杆

（5）安装挂扣式脚手板、水平架

施工操作作业层应连续满铺挂扣式脚手板，宽度不宜小于1 m。脚手板搭钩应与门架横杆扣紧，用滑动挡板锁牢。当采用非挂扣式钢、木脚手板时，应将脚手板与脚手板，脚手板与门架横杆用铅丝绑扎牢固，严禁出现探头板现象。

水平架设置应满足以下要求：

1）水平架设在脚手架与建筑物的连墙件设置层及承托架、防护棚、悬挑水平安全网等承受偏心荷载的位置，在层面上连续设置，以增加层面刚度和整体性。

2）当脚手架高度不大于45 m时，水平架应每两步门架设置一道；当脚手架高度大于45 m时，水平架应每步门架设置一道。水平架可由挂扣式脚手板替代，或在两侧设置水平加固杆替代。

（6）安装钢梯

钢梯规格应与门架规格配套，并应与门架挂扣牢固。钢梯的位置应符合组装布置图的要求，底层钢梯底部应加设 $\phi42$ mm钢管，并用扣件扣紧在门架立杆上，钢梯跨的两侧均应设置扶手。每段钢梯可跨越两步或三步门架再行转折。

（7）安装水平加固杆

门式钢管脚手架高度超过20 m时，应在脚手架内侧，每隔3 ~5 步架高设置一道水平加固杆。水平加固杆必须随脚手架的搭设同步安装，以确保架子的整体稳定。

水平加固杆应连续设置，形成水平封闭圈，以增强脚手架的整体性。水平加固杆均应与门架、立杆连接牢固。

水平加固杆前三层应每层设置，以防不均匀沉降，如图4—17所示。三层以上可每隔三层设一道。

（8）安装连墙件

1）连墙件间距见表4—4。

2）在下列部位应增设连墙件：

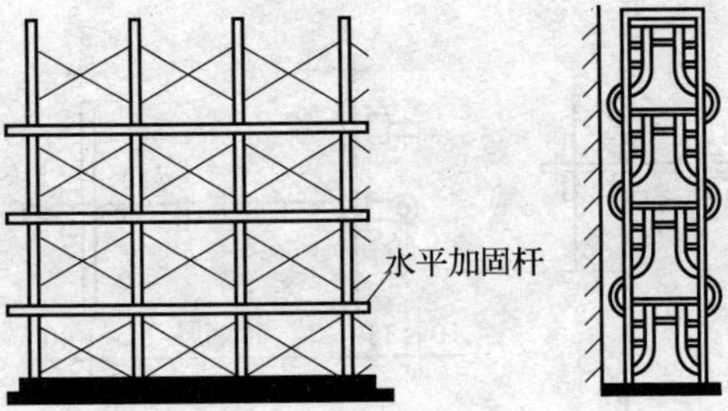

图 4—17　水平加固杆设置

表 4—4　　连墙件间距

落地脚手架搭设高度（m）	基本风压（kN/m^2）	连墙件间距（m）	
		竖向	水平方向
≤45	≤0.35	≤5.0	≤8.0
≤45	0.35 ~ 0.55	≤4.0	≤6.0
45 ~ 60	0.35 ~ 0.55	≤4.0	≤6.0

① 因设防护棚、水平安全网或承托架时，对脚手架产生水平力作用，在其层面内增设连墙件，连墙件的水平间距不宜大于4.0 m。

② 脚手架的转角处及一字形或非闭合的脚手架两端应增设连墙件，其竖向间距应不大于4.0 m。

③ 连墙件宜靠近门架的横梁设置，距门架横杆不宜大于200 mm。

④ 门式钢管脚手架中应采用刚性连墙件，不宜采用柔性连墙件。

3）连墙件构造如图 4—18 所示。

4）连墙件搭设要点

① 连墙件的安装必须与脚手架的搭设同步进行，严禁搭设完毕后补做。

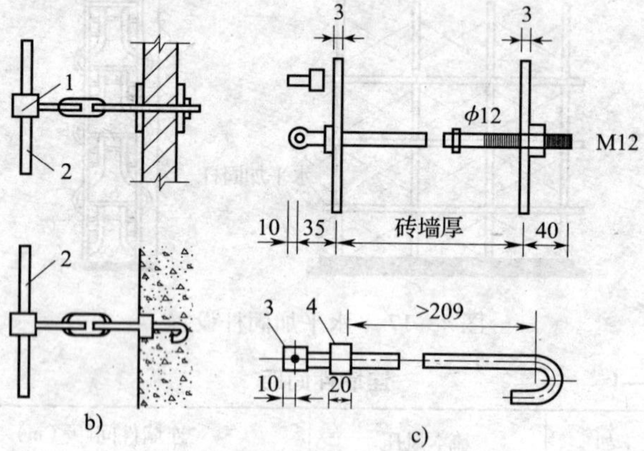

图 4—18　连墙件构造

a）夹固式　b）锚固式　c）预埋连墙件

1—专用扣件　2—立杆　3—接头螺钉　4—连接螺母（M12）

② 当脚手架操作层高出相邻连墙件两步以上时，应采用临时加强稳定措施，直到连墙件搭设完毕后方可拆除。

③ 连墙件埋入墙身的部分必须牢固可靠，连墙件必须垂直于墙面，不允许向上倾斜。

④ 连墙件应连于上、下两榀门架的接头附近。

（9）安装剪刀撑

1）门式钢管脚手架搭设高度超过 20 m 时，应在脚手架外侧连续设置剪刀撑。剪刀撑与地面倾角为 45°～60°，水平间距为 5～9 m。

剪刀撑的高度和宽度为 3～4 步距和架距，相邻剪刀撑相隔 3～5 个架距，沿全高设置。

剪刀撑必须随脚手架的搭设同步安装，其间的连接应牢靠，以确保架子的整体稳定。

2）剪刀撑应采用旋转扣件与门架立杆扣牢。杆件宜采用搭接接长，搭接长度不小于 500 mm，搭接接头处扣件数量不少于

2 个。

因作业需要拆除剪刀撑时，应加设临时加固件后方可拆除，作业完成后应立即将剪刀撑补上。

(10) 装配顶部栏杆柱、栏杆扶手

栏杆应设置在脚手架操作层外侧门架立杆的内侧，栏杆柱插放在顶部门架。立杆中，栏杆扶手端部压扁部分钻有销孔，与栏杆柱上锁销锁牢。

3. 搭设要点及注意事项

(1) 连接棒表面涂油漆时，搭设时应表面涂油，以防使用期间锈蚀，难以拔出。连接棒应居中安放，以使套环均匀传递荷载。

(2) 门式钢管脚手架高度超出 10 m 时应设置锁臂。各部件的锁臂、搭钩必须处于锁住状态。

(3) 门式钢管脚手架的通道洞口宽度不宜大于三个门架架距，高度不宜大于两个门架高度。当通道洞口为一个架距宽度时，应在脚手架内外侧、洞口上下设置水平加固杆，并在洞口两上角设置斜撑杆，如图 4—19a 所示。当洞口宽度为两个或两个以上架距时，应在洞口部位设置专用托架梁，如图 4—19b 所示。移动活动平台的活动洞口应进行特殊设计。

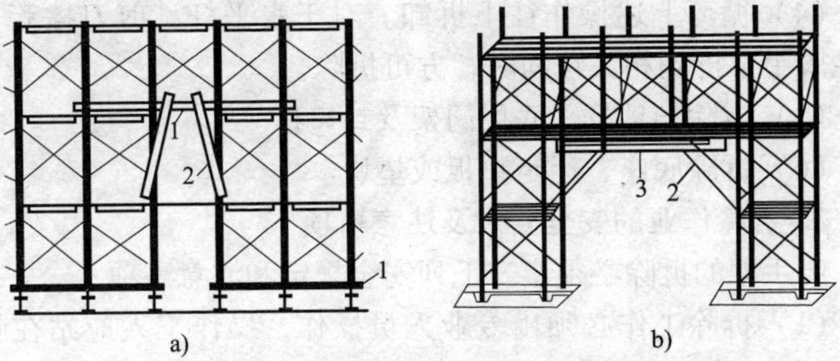

图 4—19　通道洞口构造示意图

a) 洞口较小时构造　b) 洞口较大时构造

1—水平加固杆　2—斜撑杆　3—托架梁

二、门式钢管脚手架的拆除

工程施工完毕，经单位工程负责人检查确认不需要脚手架时，方可拆除。拆除脚手架时，应设置警戒区，设立警戒标志，并由专人负责警戒。脚手架拆除前，应先清理架子上的材料、工具及杂物。

1．拆除顺序

脚手架的拆除应在统一指挥下，按后装先拆、先装后拆的顺序及下列安全作业的要求进行。脚手架的拆除应从一端走向另一端、自上而下逐层进行；同一层的构配件和加固件应按先上后下、先外后里的顺序进行，最后拆除连墙件。

一般门式钢管脚手架的具体拆除顺序如下：

（1）从跨边起先拆顶部栏杆和扶手，然后拆脚手板（或水平架）与扶梯，再卸下水平加固件和剪刀撑。

（2）自顶层跨边开始拆卸交叉支撑，同步卸下顶部连墙杆与顶层门架。

（3）继续按上述步骤拆除第二步架，脚手架的自由悬臂高度不得超过三步架，所以连墙杆的拆除应格外小心，只允许同步架拆除。

（4）循环上述操作往下拆卸。对于水平杆、剪刀撑等，必须在脚手架拆到相关跨间时，方可拆除。

（5）拆除扫地杆、底层门架及封口杆。

（6）拆除底座，运走垫板或垫块。

2．拆除作业的安全要求及注意事项

脚手架的拆除必须遵守下列安全规定和注意事项：

（1）拆除工作必须由专业人员操作，操作工人应站在临时设置的脚手板上进行拆除作业。

（2）拆除过程中，严禁使用榔头等硬物敲打、撬挖，拆下的连接棒应放入袋内，锁臂应先传递至地面，再入库存放。

（3）拆除连接部件时，应先将锁座上的锁板与搭钩上的锁片转至开启位置，然后开始拆除，不准硬拉、敲打。

（4）不准将拆除的构配件从高空抛下，应将拆下的部件分类捆绑后，使用垂直吊运设备运至地面，集中分类堆放保管。

（5）在拆除过程中，脚手架的自由悬臂高度不得超过两步，当必须超过两步时，应加设临时拉结。

（6）连墙杆、通长水平杆和剪刀撑等，必须在脚手架拆卸到相关的门架时方可拆除。

（7）脚手架拆除时，拆下的门架及配件，均须加以检验。清除杆件及螺纹上的污物，进行必要的整形，变形严重者，应送回工厂修整。应按规定进行分级检查、维修或报废。

第三节　门式钢管脚手架的检查验收

一、检查与验收

门式钢管脚手架搭设完毕或分段搭设完毕后，应对搭设质量进行检查验收，经检查合格后方可使用。其具体检查、验收可参照落地扣件式钢管外脚手架检查、验收的内容，但门式钢管脚手架搭设垂直度、水平度的允许偏差应符合表4—5的规定。

表4—5　门式钢管脚手架搭设垂直度、水平度的允许偏差

序号	项目	内容
1	垂直度	脚手架沿墙面纵向的垂直偏差应≤$H/400$（H为脚手架高度），但最大值≤50 mm；脚手架的横向垂直偏差应≤$H/600$，但最大值≤50 mm
2	水平度	底层脚手架沿墙的纵向水平偏差应≤$L/600$（L为脚手架的长度）

二、安全管理

1. 搭拆脚手架必须由专业架子工完成，持证上岗。

2. 搭拆脚手架时工人必须戴安全帽，系安全带，穿防滑鞋。

3. 操作层上施工荷载应符合设计要求，不得超载，不得在脚手架上集中堆放模板、钢筋等物件。严禁在脚手架上拉缆风绳或固定、架设混凝土泵、泵管及起重设备等。

4. 6 级及 6 级以上大风和雨、雪、雾天应停止脚手架的搭设、拆除及施工作业。

5. 施工期间不得拆除下列杆件：交叉支撑，水平架，连墙件，加固杆件，如剪刀撑、水平加固杆、扫地杆、封口杆等，栏杆。

6. 作业需要时，临时拆除交叉支撑或连墙件应经主管部门批准，并应符合下列规定：

（1）交叉支撑只能在门架一侧局部拆除，临时拆除后，在拆除交叉支撑的门架上、下层面应满铺水平架或脚手板。作业完成后，应立即恢复拆除的交叉支撑；拆除时间较长时，还应加设扶手或安全网。

（2）只能拆除个别连墙件，在拆除前、后应采取安全措施，并应在作业完成后立即恢复；不得在竖向或水平向同时拆除两个及两个以上连墙件。

7. 在脚手架基础或邻近区域内严禁进行挖掘作业。

8. 临街搭设的脚手架外侧应有防护措施，以防坠物伤人。

9. 脚手架与架空输电线路的安全距离、工地临时用电线路架设及脚手架接地避雷措施等应按现行行业标准《施工现场临时用电安全技术规范》（JGJ 46—2005）的有关规定执行。

10. 对脚手架应设专人负责进行经常检查和保修工作。对高层脚手架应定期作架立杆基础沉降检查，发现问题应立即采取措施。

第五章

木竹与异形脚手架

第一节　木脚手架的施工准备和施工顺序

一、木脚手架的基本构件

木脚手架由木杆绑扎连接而成。木脚手架采用杉木或松木作为主要杆件，木脚手架各种杆件的绑扎材料常用镀锌铁丝和钢丝两种。

木脚手架的构造如图 5—1 所示，其基本构件有立杆、纵向水平杆、横向水平杆、剪刀撑、抛撑、连墙杆等。

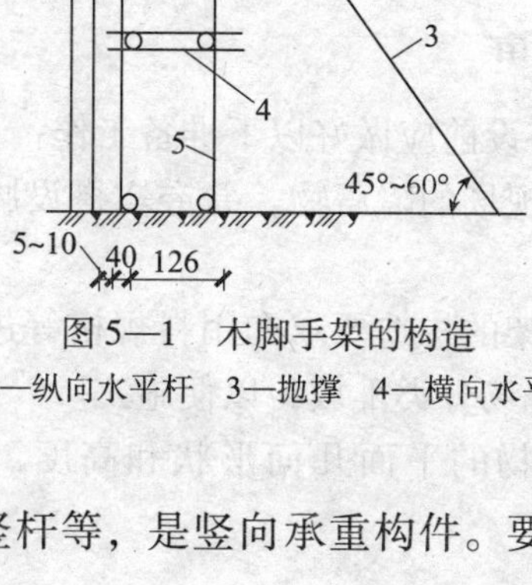

图 5—1　木脚手架的构造

1—连墙杆　2—纵向水平杆　3—抛撑　4—横向水平杆　5—立杆

1. 立杆

又称立柱、竖杆等，是竖向承重构件。要求小头有效直径不小于 70 mm，大头有效直径不大于 180 mm，长度不小于 6 m。

2. 纵向水平杆

又称大横杆、顺水杆、牵杠等，是联系立杆、平行于墙面的水平杆件，起联系和纵向承重作用。要求小头有效直径不小于 80 mm，长度不小于 6 m。

3. 横向水平杆

又称小横杆、排木、六尺杆等，是垂直于墙面的水平杆，与立杆、纵向水平杆相交，并支撑脚手板。要求小头有效直径不小于 90 mm，长度为 2.1 ~ 2.3 m。

4. 剪刀撑

又称十字撑、十字盖，与地面成 45° ~ 60°角，十字交叉地绑扎在脚手架的外侧，可加强脚手架的纵向整体刚度。要求小头有效直径不小于 70 mm，长度不小于 6 m。

5. 抛撑

设在脚手架底层外侧，与地面成 45° ~ 60°角，横向撑住脚手架的斜杆，用以防止脚手架外倾。要求小头有效直径不小于 70 mm，长度不小于 6 m。

6. 连墙杆

与墙体连接的横向水平杆，用以防止脚手架的横向移动，加强脚手架的空间稳定。

二、施工准备

木脚手架在搭设前应做好以下准备工作：

1. 清理施工现场的障碍物，并夯实搭设脚手架范围内的回填土。

2. 根据脚手架的构造要求和用料规格等进行用料的合理选择分类，并运至现场分类堆放，以便施工。

3. 根据建筑物的平面几何形状和高度，确定脚手架的形式、位置及尺寸。

4. 根据已计算好的工程量，领取 8 号铁丝，并按照绑扎方法和要求，切断铁丝并弯制成形，运到工地待用。

三、施工顺序

各类木脚手架的一般施工顺序为：根据预定的搭设方案放立杆位置线→挖立杆坑→竖立杆→绑纵向水平杆→绑横向水平杆→绑抛撑→绑斜撑或剪刀撑→铺脚手板→搭设安全网。各道工序的主要要求为：

1. 放立杆位置线

根据预定的搭设方案放出立杆的具体位置点。

2. 挖立杆坑

坑的深度要求不小于 0.5 m，坑的直径大于立杆直径 100 mm左右，这样有利于调整和固定立杆的位置。

3. 竖立杆

由 3 ~4 人配合操作，先竖里排脚手架两头的立杆，再竖中间的立杆，看齐找正后，依次竖立中间部分其余立杆。外排立杆按里排立杆的竖立顺序竖立，立杆纵横方向校正垂直，如有弯曲的立杆应使弯曲部分顺着脚手架的纵向。在底部加绑扫地杆以后，将杆坑填平、夯实。

4. 绑纵向水平杆

由 4 人配合操作，3 人绑扎，有经验的一人找平。绑扎第一步架的纵向水平杆前，应先检查立柱是否埋正、埋牢。绑纵向水平杆时，同一步架纵向水平杆的大头朝向应一致，上下相邻两步架的大头朝向要相反，以增强脚手架的稳定性。

5. 绑横向水平杆

横向水平杆绑在纵向水平杆上，相邻两根横向水平杆的大头朝向应相反，上下两排横向水平杆应绑在立柱的不同侧面，横向水平杆伸出立柱部分长度不得小于 300 mm。

6. 绑抛撑

脚手架搭设至三步架以上时，应及时绑抛撑。在此以前脚手架要用临时支撑加以固定，以免脚手架外倾或倒塌。抛撑每7根立柱设一道，与地面夹角为45°~60°，其底脚埋入土内的深度不得小于300 mm。

7. 绑斜撑或剪刀撑

木脚手架绑扎到三步架时必须绑斜撑或剪刀撑。剪刀撑的间距不得超过7根立柱的间距，第一道剪刀撑的下端要落地。

脚手架高度超过7 m时，应搭设连墙点，将脚手架与建筑结构连成整体，整体脚手架向里倾斜度为1%，全高倾斜不得大于150 mm，严禁向外倾斜。

8. 铺脚手板

脚手板必须满铺，对接铺设的脚手板，其接头下边应设两根横向水平杆，脚手板悬空部分不得大于100 mm，严禁铺探头板。搭接铺设的脚手板，接头必须在横向水平杆上，搭接长度为200~300 mm。脚手架两端的脚手板和靠墙的脚手板必须用8号铁丝绑牢。

9. 搭设安全防护设施

相关内容从略。

四、杆件的连接和绑扎方法

1. 绑扎铁丝的弯制

铁丝的断料长度应根据绑扎杆件的粗细和部位确定，一般断料长度为1.4~1.6 m，并将断料从中间弯折成如图5—2所示形状，其中间鼻孔的直程一般为15 mm左右。

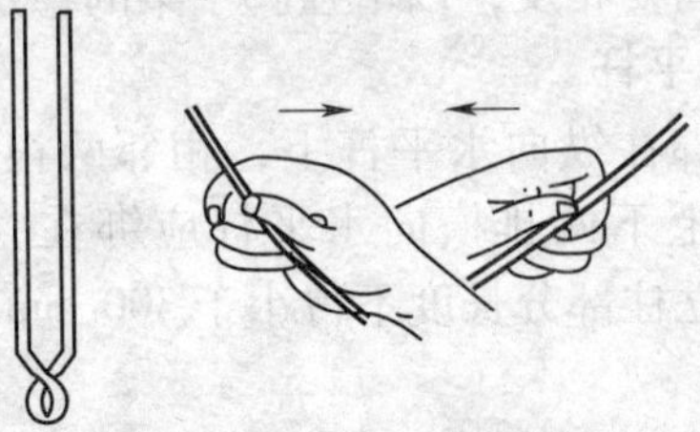

图5—2　铁丝的弯制

2. 木杆的连接和绑扎方法

木脚手架一般有三种绑扎方法：平插法、斜插法和顺扣绑扎法。应对木杆不同的连接方式采取相应的绑扎方法。

（1）直交

木杆垂直相交，立杆与纵向水平杆、立杆与横向水平杆相交即属此种连接，这种连接可以采用平插法或斜插法绑扎。

1）平插绑扎法。如图5—3a所示，先将纵向水平杆用铁丝卡住，从立杆的右边穿过去，绕过立杆的背后，再从立杆的左边拉过来，保持立杆背面两根横铁丝基本水平，同时用钎子插进鼻孔，用左手拉紧铁丝，使其压在鼻孔下，右手用力将钎子先拧扭半圈，检查并磕敲铁丝与立杆贴合可靠后，再拧扭一圈，即可绑牢。

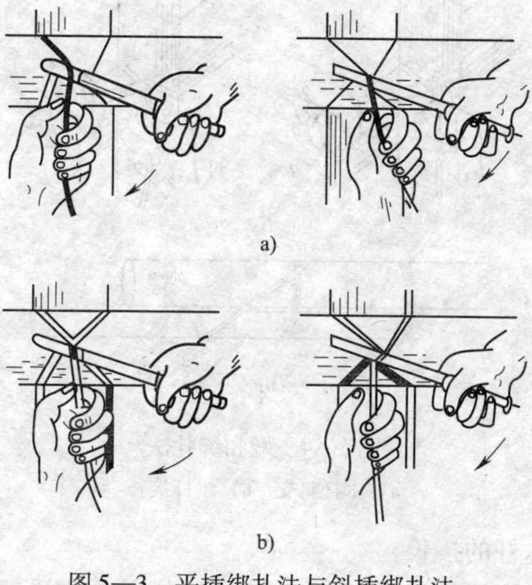

图5—3　平插绑扎法与斜插绑扎法

a）平插绑扎法　b）斜插绑扎法

2）斜插绑扎法。如图5—3b所示，将铁丝卡住纵向水平杆，从立杆右边与纵向水平杆交角处斜插过去，绕过立柱的背后，分别从立柱的左边、纵向水平杆的上下面拉过来，铁丝在立杆背后是交叉的，同时将钎子插进鼻孔，用左手拉紧铁丝并使铁丝压到鼻孔下，右手用力将钎子先拧扭半圈，检查并磕敲铁丝与立杆贴合可靠后再拧扭一圈，即可绑牢。

（2）斜交

木杆的倾斜相交，如立杆与斜撑和剪刀撑相交即属这种类型。木杆的斜交处应采用斜插绑扎法或顺扣绑扎法两种方法绑扎。

斜插绑扎法如前述。顺扣绑扎法如图 5—4 所示，将铁丝兜绕杆件相交处一圈后，随即将钎子插进铁丝鼻孔内，左手拉紧铁丝并使其压在鼻孔下，右手用力将钎子先拧扭半圈，检查并磕敲铁丝与立杆贴合可靠后．再拧扭一圈，即可绑牢。

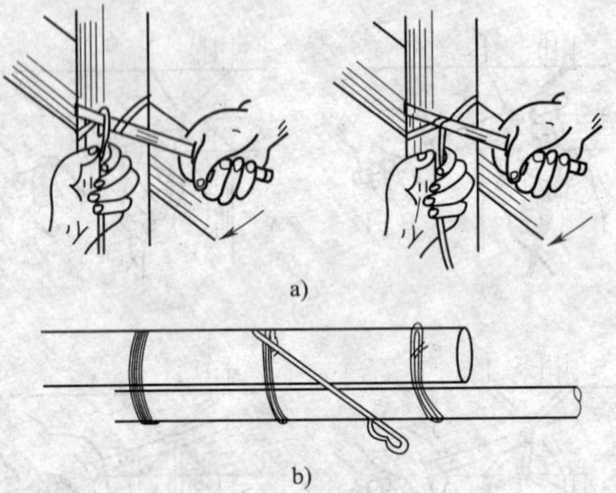

图 5—4　顺扣绑扎法

a）木杆斜交　b）木杆接长

（3）木杆的接长

木杆的接长一般采用顺扣绑扎法绑扎，如图 5—4b 所示。接头长度不少于 1. 5 m，绑扣不少于 3 个，两端及中间各绑一个扣，扣的间距不大于 0. 75 m，接长处必须防止弯折及松动，以免影响架子的整体稳定。

第二节　木脚手架的搭设

木脚手架按其搭设形式可分为单排脚手架和双排脚手架，其构造形式如图 5—5 所示。

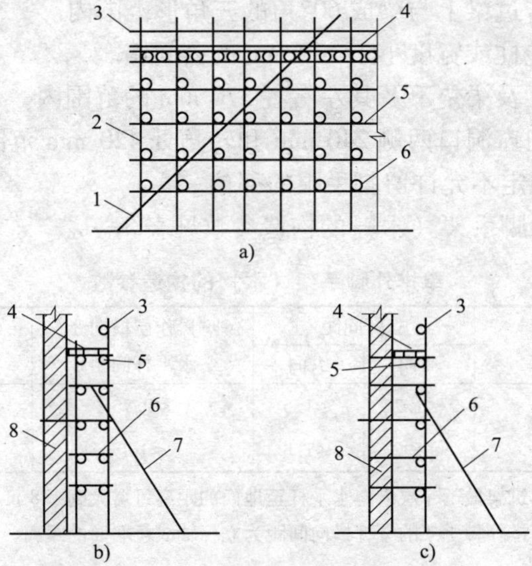

图 5—5　木脚手架的构造形式

a）立面　b）侧面（双排）　c）侧面（单排）

1—斜撑　2—立杆　3—栏杆　4—脚手架　5—纵向水平杆

6—横向水平杆　7—抛撑　8—墙身

一、单排外脚手架的搭设

1. 单排外脚手架的构造

单排外脚手架的构造如图 5—5c 所示。单排外脚手架由立杆、纵向水平杆、横向水平杆、剪刀撑和抛撑组成。由于这种脚手架仅在结构外侧有一排立杆，横向水平杆一端与立杆和纵向水平杆相连，另一端搁置在墙上，所以稳定性较差，搭设高度不得超过 20 m。

单排脚手架不得用于半砖、180 mm 厚的砖砌墙体，土坯、轻质空心砖砌墙体，砌筑砂浆强度低于 M1 的砌体。为了搁置横向水平杆，墙上需留脚手眼，但这会削弱墙体的强度。为确保墙的整体强度，在下列部位不允许留置脚手眼：

（1）砖过梁上与梁成 60°角的三角形范围内。

（2）砖柱或宽度小于 740 mm 的窗间墙。

（3）梁及梁垫下及其左右各 370 mm 的范围内。

（4）门窗洞口两侧 240 mm 和转角处 420 mm 范围内，及设计图样上规定不允许留脚手眼的部位。

单排外脚手架（木）的构造参数见表 5—1。

表 5—1　　单排外脚手架（木）的构造参数　　m

用途	立杆间距		操作层横向水平杆间距	纵向水平杆竖向步距
	横向	纵向		
砌筑架	≤1.2	≤1.5	≤0.75	1.2~1.5
装饰架	≤1.2	≤1.8	≤1.0	≤1.8

注：1. 砌筑架最下一层纵向水平杆至地面的距离可增大到 1.8 m。
2. 单排外脚手架的立杆横向间距为立杆轴线至墙面的距离。

2. 单排外脚手架的搭设要点及质量要求

单排外脚手架的施工顺序如前所述，其搭设要点和质量要求如下：

（1）竖立杆

按线挖好立杆坑以后，开始竖立杆。立杆应大头朝下，上下垂直，垂直度偏差不大于架高的 1/1 000，且不得大于 100 mm。竖立杆时，应先竖两侧立杆，将立杆纵横方向校垂直以后将杆坑填平夯实，然后再竖中间立杆，校正后将杆坑填平夯实。竖其他杆时，以这三根立杆为标准，做到立杆竖直在同一条线上。立杆如有弯曲，上梢弯势应与建筑阳角呈反方向，以免引起上部脚手架向外倾斜。

相邻立杆的接长位置应错开一步架，搭接长度应跨两根纵向水平杆，且不得小于1.5 m，搭接部位绑扎不少于三道，相邻两根立杆的搭接位置应错开，如图5—6所示。

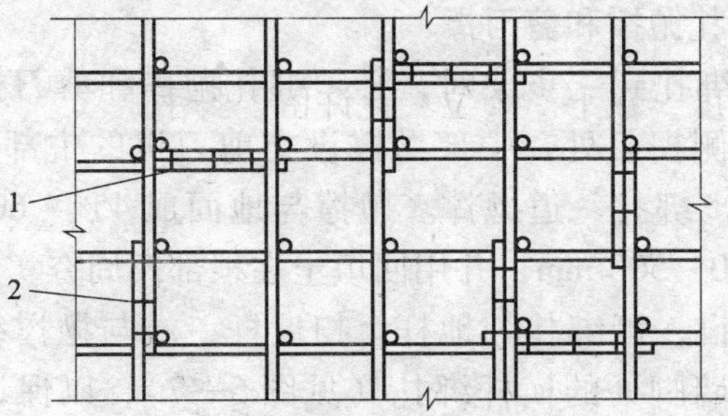

图5—6　立杆和纵向水平杆的搭接

1—纵向水平杆接头　2—立杆接头

（2）绑扎纵向水平杆

纵向水平杆绑扎在立杆的内侧，沿纵向平放。绑第一道纵向水平杆时，要注意保持立杆的横平竖直，操作人员要听从找平人的指挥，绑扎时拉铁丝切忌用力过猛，以免将立杆拉歪。绑扎第二道纵向水平杆时要注意动作轻巧，上下呼应，找平人发出绑扎信号后马上绑扎。其他纵向水平杆依次用上述方法绑扎。如遇纵向水平杆有弯曲时，应将凸面向上，不得将弯曲面向里或向外绑扎，防止脚手架里凸外凹，立面不平整。纵向水平杆的接长部位应位于立杆处，接长部分应大小头搭接，大头伸出立杆200～300 mm，并使小头压在大头上面，搭接长度不小于1.5 m，上下纵向水平杆的搭接位置应错开，如图5—6所示。

（3）绑扎横向水平杆

在第一步架绑扎纵向水平杆的同时，应绑扎一定数量的横向水平杆，使脚手架有一定的稳定性和整体性。绑扎到2～3步架时，应全面绑扎横向水平杆，以增强脚手架的整体性。

横向水平杆应绑扎在纵向水平杆上，且大头朝里。横向水平杆搁置在墙上的长度不得小于 240 mm，伸出纵向水平杆外的长度不得小于 300 mm。横向水平杆绑扎好以后，根据施工需要和脚手板的数量，可以铺放 1～2 步架的脚手板，脚手板应交替使用，不用全部同时铺上。

（4）绑扎抛撑和剪刀撑

脚手架绑扎到三步架时，必须绑扎抛撑和剪刀撑。抛撑设在脚手架外侧拐角处，中部抛撑设在剪刀撑的中部，间距为 7 根立杆的距离绑扎一道抛撑。抛撑与地面成 45°～60°角，底端埋入土中 300～500 mm，并用回填土在根部四周夯实。如地面坚硬、不便埋设，可绑扎扫地杆，扫地杆一端与抛撑绑扎，另一端穿墙后与墙脚处的横杆绑扎（见图 5—7），以保证脚手架不向外倾斜或发生塌架事故。

剪刀撑设置在脚手架的外侧，是与地面成 45°～60°角的十字交叉杆件。由下至上与脚手架同步搭设，绑扎牢固。第一步剪刀撑要着地挖坑埋设，支点位置应在立杆 700 mm 以外，如图 5—8 所示。

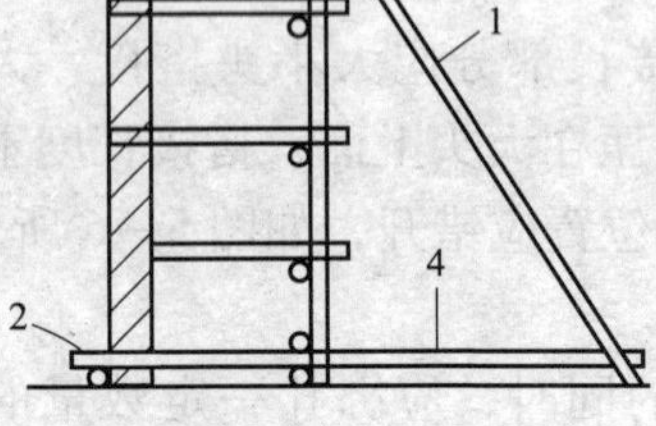

图 5—7　抛撑构造

1—抛撑　2—横杆　3—墙　4—扫地杆

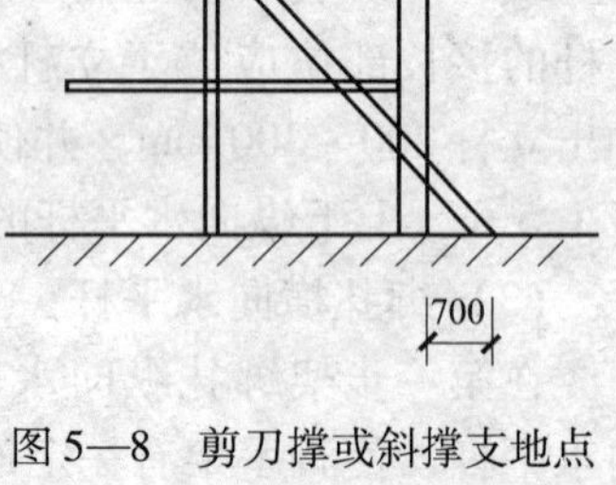

图 5—8　剪刀撑或斜撑支地点

上下两对剪刀撑不能对头相接，应互相搭接，搭接位置应位于立杆处，剪刀撑要占两个立杆宽，其间距不超过 7 根立杆的间距。剪刀撑本身以及剪刀撑与立杆、纵向水平杆相交处均应绑牢。脚手架纵向长度小于 15 m 或架高小于 10 m 时，可设置斜撑代替剪刀撑，从下向上连续呈“之”字形设置。

（5）连墙点的设置

脚手架的搭设高度大于 7 m 时，必须设连墙点，使脚手架与建筑物连接牢固。连墙点设在立杆与横杆交点附近，上下排的连墙点应交替布置，沿墙面呈菱形。两排连墙点的垂直距离为 2 ~ 3 步架高，水平距离不大于 4 倍的立杆纵距。单排脚手架应在两端端部沿竖向每步架设置一个连墙点。连墙点应既能承受拉力又能承受压力，在混凝土结构墙、柱、过梁等处可预埋 ϕ6 ~ 8 mm 的钢筋环或打胀管螺栓，用双股 8 号铁丝与立杆绑牢承受拉力，并配合横向水平杆顶住墙面承受压力。砖砌墙体可将横向水平杆穿过连墙点，然后在墙的里、外两侧用短杆加固。连墙件的构造如图 5—9 所示。

（6）护栏和挡脚板的设置

脚手架搭设到两步架以上时，操作层必须设置高 1.2 m 的防护栏杆和高度不小于 0.18 m 的挡脚板，也可以加设一道 0.2 ~ 0.4 m 高的低护栏代替挡脚板，以防止人、物坠落。

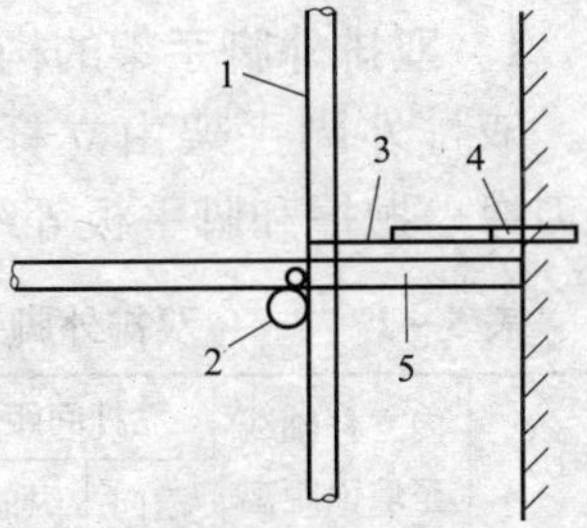

图 5—9　连墙件的构造

1—立杆　2—纵向水平杆

3—铁丝　4—钢筋环

5—横向水平杆

（7）特殊部位的处理

脚手架搭设遇到门洞通道时，为保证架体强度并且不影响通行与运输，应设置八字撑，如图 5—10 所示。

八字撑设置的方法是在门洞或过道处拔空 1 ~ 2 根立杆，并将悬空的立杆用斜杆逐根连接到两侧立杆上并绑牢，形成八字撑。斜杆与地面成45°～60°角，上部相交于洞口上部2～3步纵向水平杆上，下部埋入土中不少于300 mm。洞口处纵向水平杆断开，绑扎拔空立杆的第二步架的纵向水平杆小头直径不得小于120 mm。

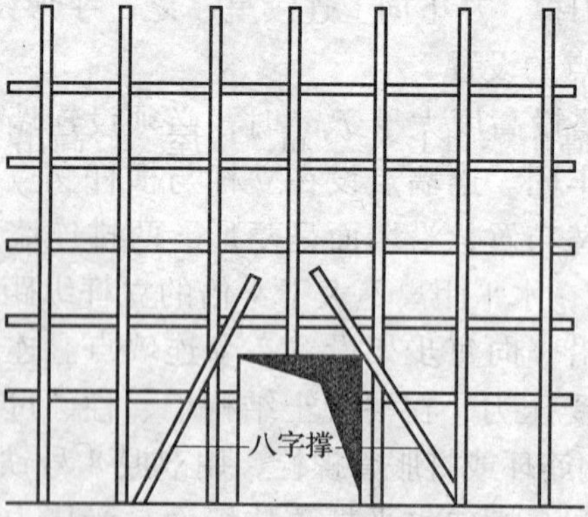

图5—10　通道处八字撑布置

二、双排外脚手架的搭设

双排外脚手架在结构外侧设双排立杆，稳定性比单排外脚手架好，搭设高度一般不超过24 m。

1. 双排外脚手架的构造

双排外脚手架由立杆、纵向水平杆、横向水平杆、斜撑、剪刀撑、抛撑和脚手板等组成，其构造参数见表5—2。

表5—2　双排外脚手架（木）的构造参数　m

用途	内立杆轴线至墙面距离	立杆间距		操作层横向水平杆间距	纵向水平杆竖向步距	横向水平杆朝墙方向的悬臂长
		横向	纵向			
砌筑架	0.5	≤1.5	≤1.5	≤0.75	1.2～1.5	0.35～0.45
装饰架	0.5	≤1.5	≤1.8	≤1.0	≤1.8	0.35～0.45

注：砌筑架最下一层纵向水平杆至地面的距离可增大到1.80 m。

2. 双排外脚手架的搭设要点和质量要求

双排外脚手架的搭设要点和质量要求基本上与单排外脚手架的搭设要点和质量要求相同，但需强调以下要求：

（1）立杆

立杆应大头朝下，上下垂直，里外两排立杆杆距相等，立杆搭至建筑物顶部时，里排立杆应低于檐口 400 ~ 500 mm；平屋顶外排立杆应高出檐口 1 ~ 1.2 m，坡屋顶应高出 1.5 m。脚手架最后一步立杆，要大头朝上，顶端齐平，高出的立杆可以向下错动，进行封顶。立杆的接长除应遵守单排外脚手架的规定外，还应注意内外排立杆的搭接接头必须错开一步架以上。

（2）纵向水平杆和横向水平杆的绑扎

纵向水平杆绑扎在立杆的内侧，沿纵向平放，横向水平杆绑扎在纵向水平杆上，大头朝外。纵向水平杆的接长接头应位于立杆处，大头伸出立杆 200 ~ 300 mm，并将小头压在大头之上，搭接长度不小于 1.5 m，搭接范围至少绑三道扣，扣间距为 600 ~ 750 mm。接头位置上下、里外错开 1 倍立杆纵距以上。横向水平杆距墙面保持 50 ~ 150 mm 的距离，应等距离布置。但门窗洞口有吊杆处，操作层下一步架与立杆绑扎的横向水平杆不得抽拆。

（3）斜撑和抛撑的布置

斜撑设置在脚手架的拐角处，与地面成 45°倾角，其底端埋入土中 300 ~ 500 mm，底脚距立杆纵距为 700 mm。脚手架纵向长度小于 15 m 或架高小于 10 m 时，可用斜撑代替剪刀撑，由下而上呈“之”字形设置。抛撑与地面成 60°角，当脚手架搭到 3 步架高，全高不大于 7 m 且墙体暂时无法设置连墙点时，应设置抛撑，以加强脚手架的空间稳定性。抛撑每隔 7 根立杆设置 1 根，一般布置在两组剪刀撑的中部，其底端应埋入土中 300 ~ 500 mm，并用回填土的方法在根部四周夯实。

（4）剪刀撑的设置

脚手架的端头、转角处和中间每隔 15 m 左右的净距应在四根立杆的范围内设置剪刀撑。剪刀撑的底端必须埋入土中 300 ~ 500 mm，底脚距立杆的纵距为 700 mm。剪刀撑的布置形式如图 5—5 所示。

（5）连墙点的设置

脚手架高度超过 7 m 时，应设连墙点，使脚手架与结构连成一个整体，增加脚手架的稳定性。上下排连墙点交替布置，在墙面一般呈菱形排列，两排连墙点的垂直距离为 2 ~ 3 步架高，水平距离不大于 4 倍的立杆纵距。

连墙点可以采用以下几种形式（见图 5—11）：

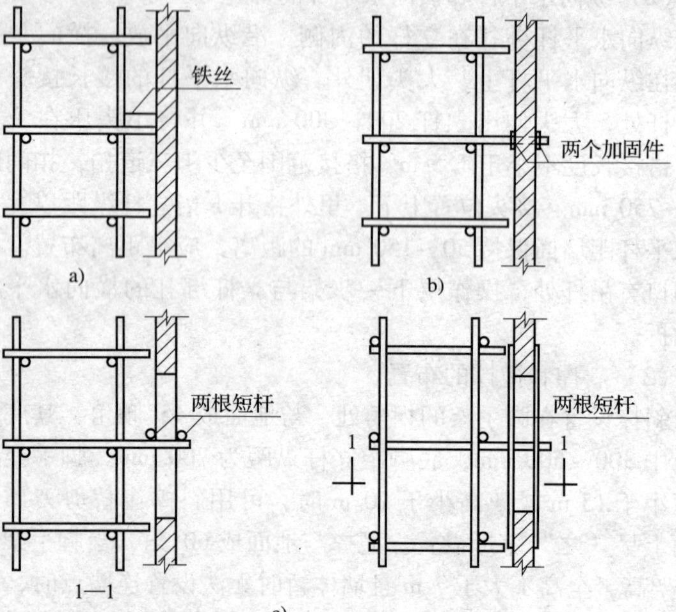

图 5—11　连墙杆与墙的拉结

a）用铁丝拉住　b）用加固件夹墙　c）窗洞处用两根短杆夹墙

1）在混凝土结构墙体、梁、柱等部位，可预埋 $\phi 8$ mm 钢筋环或打胀管螺栓，然后用 8 号铁丝双股与立杆拉结，与此同时用短木杆顶住墙面，使连墙点既能承受拉力，又能承受压力，如图 5—11a 所示。

2）砖砌墙体可以将连墙杆的一端穿过墙，并在墙的里外用加固件紧固在墙体上，如图 5—11b 所示。

3）在窗洞口处，可用另外两根短杆将连墙杆夹住窗户之间的墙体，如图 5—11c 所示。

门窗洞口的处理与单排外脚手架相同，可以设置八字撑。在挑檐和其他凸出部位，采用斜杆将脚手架挑出，形成挑脚手架，如图 5—12 所示。斜杆应在每跨立杆上挑出，与水平面的夹角不得小于 60°，两端均应交于立杆与纵向水平杆、立杆与横向水平杆的节点处。斜杆大头应朝下，小头直径不得小于 120 mm。

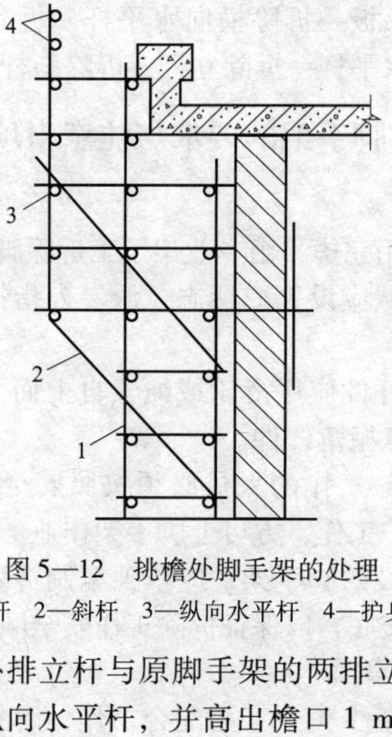

图 5—12　挑檐处脚手架的处理

1—立杆　2—斜杆　3—纵向水平杆　4—护身栏杆

挑脚手架最外排立杆与原脚手架的两排立杆，至少应连续设置三道平行的纵向水平杆，并高出檐口 1 m 以上，以绑扎防护栏杆。挑出部分的高度不得超出两步架高，挑出部分的宽度和斜杆间距，均不得大于 1.5 m。其横向水平杆间距不得大于 1 m，两端必须绑扎牢固，使用荷载不得超过 1 000 N/m²。这种脚手架顶部四周须绑两道护身栏杆和挡脚板，并立挂安全网，以确保安全。

第三节　木脚手架的拆除

一、木脚手架的拆除顺序

拆除木脚手架的原则是，先绑扎的后拆除，后绑扎的先拆除。拆除顺序：拆除顶部立挂的安全网→拆除护身栏杆→拆除挡脚板→拆除脚手板→拆除横向水平杆→拆除剪刀撑→拆除连墙杆→拆除纵向水平杆→拆除立杆→拆除斜杆。

二、拆除木脚手架的要求与注意事项

1. 拆除要求

（1）架子使用完毕，由专业架子工拆除脚手架。

（2）拆除区域应设警戒标志，派专人指挥，严禁非作业人员进入警戒区域。

（3）拆除的杆件应用滑轮或绳索自上而下运送，不得从架子上直接向下随意抛落杆件。

（4）参加拆除工作的人员必须按照安全操作规程的要求，做好各种安全防护工作，方可上脚手架作业。

（5）特殊搭设的脚手架，应单独编制拆除方案并对拆除人员进行安全技术交底，以保证拆除工作安全顺利进行。

2. 拆除注意事项

（1）拆除时至少 4 人互相配合工作，解扣和落杆时必须思

想集中，上下呼应，互相配合，以免发生安全事故。各种杆件的拆除应注意以下事项：

1）立杆。先稳住立杆，再解开最后两个绑扎扣。

2）纵向水平杆、剪刀撑、斜撑。先拆中间绑扎扣，托住中间再解开两头的绑扎扣。

3）抛撑。先用临时支撑加固后，才允许拆除抛撑。

4）剪刀撑、斜撑以及连墙点。只允许分层依次拆除，不得一次全面拆除。

（2）拆下来的杆件，特别是立杆和纵向水平杆，不得往下乱扔，以防杆件伤人。必须由中间 1 人顺杆滑落，待下面的人接住后才能松手。

（3）掀翻脚手板时，拆除人员应注意站立位置，并自外向里翻起竖立，防止残留物从高处坠落伤人。

（4）整片脚手架拆除后的斜道、上料平台架等，必须在脚手架拆除前进行加固，以保证其整体稳定和安全。

（5）当天拆除人员离岗时，应及时加固未拆除部分，防止留下安全隐患。

（6）拆下来的杆件和铁丝不得乱扔，应派人及时清理和搬运，将杉木搬运到指定地点按规格、用途的不同分类堆放整齐。

第四节　木脚手架安全施工注意事项

一、安全技术要求

1．必须按照规范与施工方案的要求，制定脚手架施工安全技术措施。

2．必须由持有上岗证的专业架子工作业。施工时必须按规定戴安全帽、系安全带和穿防滑鞋。

3. 脚手架与高压线之间的水平和垂直安全间距为：35 kV 以上不得小于 6 m；10 ~ 35 kV 不得小于 5 m；10 kV 以下不得小于 3 m。

4. 6 级及 6 级以上的大风天气，以及大雾、大雨、大雪天气，不得从事脚手架作业。雨雪后作业必须采取防滑安全措施。

5. 吊、挂、挑脚手架必须按规定严格控制使用荷载，严禁超载，同时必须设置安全绳，挂、吊脚手架须经荷载试验合格后方准使用。

二、安全措施

1. 高度超过 4 m 的脚手架必须按规定设置安全网。

2. 高度超过 3 步架的脚手架必须设置防护栏杆和挡脚板。斜道（马道）、休息平台应设扶手。

3. 脚手架的搭设进度应与结构工程施工进度相配合，不宜一次搭设过高，以免影响架子稳定，并给其他工序带来麻烦。

4. 脚手架内侧与墙面之间的间隙不应超过 150 mm，必须离开墙面设置时，应搭设向内挑扩的架体作业面。

5. 杆件相交挑出的端头应大于 150 mm，杆件搭接绑扎点以外的余梢应绑扎固定。

6. 高层建筑脚手架和特种工程脚手架，使用前必须进行严格检查，合格后方可使用。

第五节　竹脚手架的搭设和拆除

选用生长期三年以上的毛竹或楠竹为主要杆件，采用竹篾、铁丝、塑料篾绑扎而成的脚手架，称为竹脚手架。

竹脚手架也可以分为多立杆脚手架、马道、满堂红、挑脚手架等形式。竹脚手架在南方使用比较普遍，因为南方的竹材资源比较丰富，而且气候潮湿，适应竹材的性能，而在气候干燥和寒冷的北方地区就不适用。

一、竹脚手架的搭设

1. 双排外脚手架的构造

双排外脚手架由立杆、纵向水平杆、横向水平杆、剪刀撑、抛撑等杆件组成，其构造与木脚手架基本相同，如图 5—1 所示。

双排外脚手架的搭设高度不超过 25 m 时，可采用单立杆；搭设高度 25 ~ 35 m 时，则应采用双立杆。双排外脚手架的搭设高度超过 35 m 时，应采取卸载措施，即将脚手架的荷载向建筑结构分流。双排外脚手架的构造参数见表 5—3。

表 5—3　　双排外脚手架（竹）的构造参数　　m

用途	立杆至墙面距离	立杆间距		纵向水平杆步距	横向水平杆朝向墙面的悬臂长	搁栅间距	操作层横向水平杆间距
		横向	纵向				
砌筑	0.45 ~ 0.5	1.0 ~ 1.2	≤1.2	1.2	0.4	≤0.25	≤0.75
装饰	0.45 ~ 0.5	0.8 ~ 1.0	≤1.5	1.5 ~ 1.8	0.35 ~ 0.4	≤0.25	≤1.0

2. 双排外脚手架的搭设和质量标准

（1）双排竹脚手架的搭设顺序

确定立杆位置→挖立杆坑→竖立杆→绑纵向水平杆→绑顶撑→绑横向水平杆→铺脚手板→绑栏杆→绑抛撑、斜撑、剪刀撑等→设置连墙点→搭设安全网。

（2）搭设要点和质量要求

1）挖立杆坑。坑深 300 ~ 500 mm，坑口直径比杆直径大

100 mm，坑口的自然土尽量少破坏，以便将立杆正确就位，挤紧埋牢。

2）竖立杆。立杆的小头直径不小于 75 mm，操作方法同木脚手架，先竖端头的立杆，再立中间立杆，依次竖立完毕。立杆如有弯曲，上梢弯势应与建筑阳角呈反方向，如图 5—13 所示，以免引起上部脚手架倾斜。外立杆上梢弯势应与里立杆相同。

立杆的接长应采用顺扣绑扎，搭设长度不得小于 1.5 m，绑扎不少于五道绑扣，相邻立杆的接头应上下错开一个步距，如图 5—14 所示。

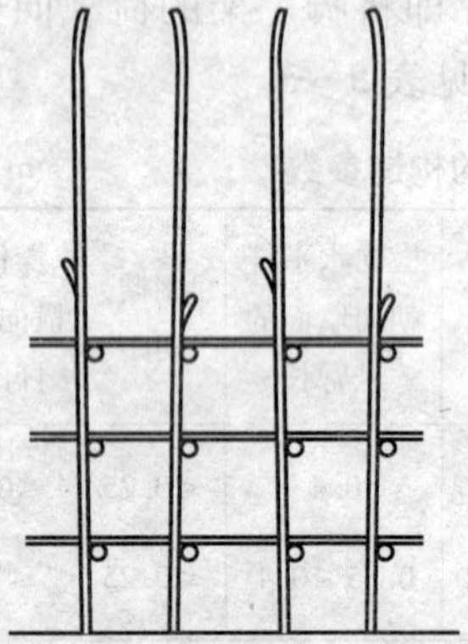

图 5—13　立杆上梢弯势搭接

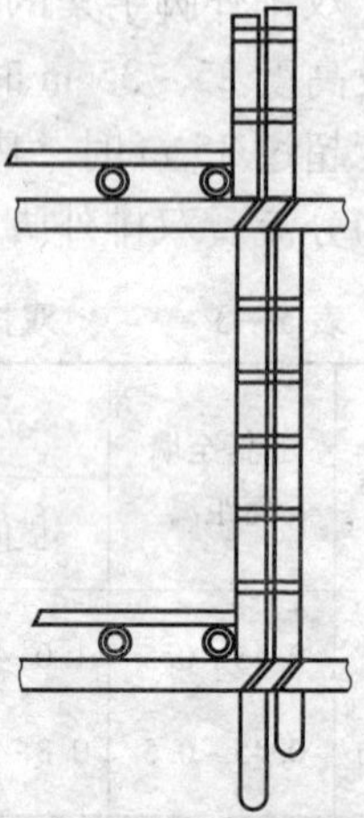

图 5—14　立杆的接长

杆件的绑扎可采用直交或斜交的绑扎方法，每道绑扣必须用双篾缠绕 4 ~ 6 圈，每缠绕 2 圈应收紧一次，端头拧成辫结，插入杆件相交处的缝隙中，并用力拉紧。竹篾必须提前一天浸泡，使用时一黄一青两根并在一起绑扎，如图 5—15 所示。

如用铁丝绑扎，其绑扎方法与木脚手架相同。

3 根杆件相交的地点，应先绑扎好两根，再绑扎第三根，不允许将 3 根杆一起绑扎，否则绑不紧，易影响架体的稳定。

立杆的垂直度偏差：脚手架顶端向内倾斜不得大于架高的 1/250，且不大于 100 mm，不得向外倾斜。立杆旁加绑小顶撑顶住横向水平杆，如图 5—16 所示。

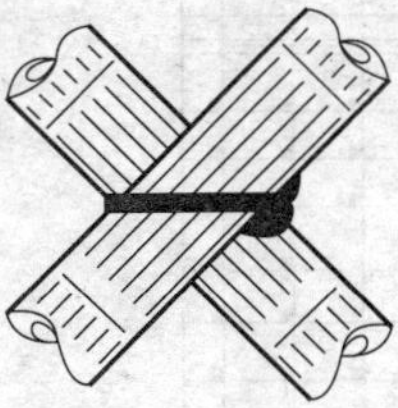

图 5—15　竹篾绑扎方法

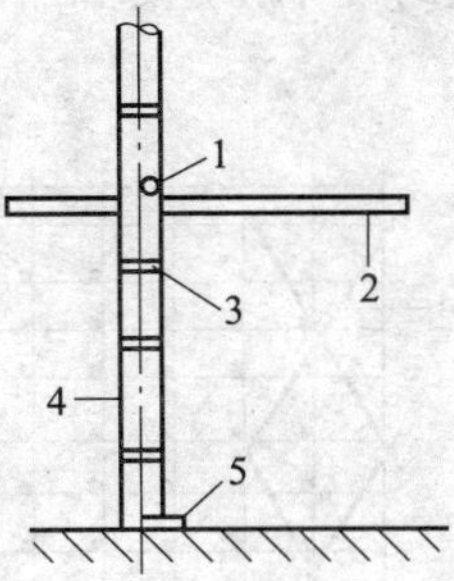

图 5—16　竹脚手架顶撑设置

1—横向水平杆　2—脚手板　3—立杆旁的小顶撑

4—立杆　5—顶撑垫板

顶撑垫板应采用石块、砌块或 50 mm × 200 mm × 400 mm 的木块，不应采用砖块。

3）纵向水平杆。纵向水平杆的小头直径不小于 75 mm，纵向水平杆绑扎在立杆的内侧，沿纵向水平布设，其接长以及接头位置的错开距离与木脚手架相同。同一排纵向水平杆的水平偏差不得大于脚手架总长度的 1/300，并且不大于 200 mm。

4）横向水平杆。横向水平杆的小头直径不小于 90 mm，横向水平杆垂直于墙面，绑扎在立杆上。采用竹笆脚手板，横向水平杆应置于纵向水平杆下；采用纵向支撑的脚手板，横向水平杆位于纵向水平杆之上。操作层的横向水平杆应加密，砌筑脚手架的间距不大于 0.5 m；装饰脚手架不大于 0.75 m。

5）斜撑、抛撑和剪刀撑。斜撑、抛撑和剪刀撑的小头直径不小于 75 mm。架子搭到三步高度，暂不设连墙点时，应每隔 5 ~ 7 根立杆设抛撑一道，抛撑底埋入土中应不少于 0.5 m，并用回填土在根部四周夯实。脚手架纵向长度小于15 m或架高小于10 m时，可设置斜撑，上下连续呈“之”字形设置。脚手架纵向长度超过15 m或架高大于10 m时，应设置剪刀撑，一般设在脚手架的端头、转角和中间（每隔10 m净距设一道），剪刀撑的最大跨度不得超过4倍的立杆纵距，如图5—17所示。

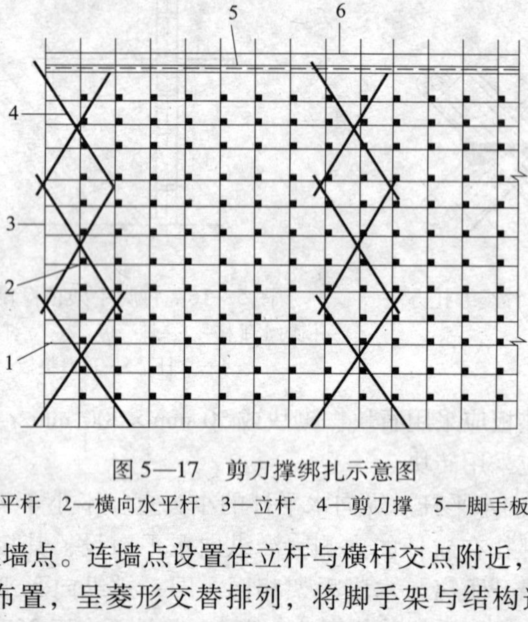

图5—17　剪刀撑绑扎示意图

1—纵向水平杆　2—横向水平杆　3—立杆　4—剪刀撑　5—脚手板　6—栏杆

6）连墙点。连墙点设置在立杆与横杆交点附近，上下排连墙点交替布置，呈菱形交替排列，将脚手架与结构连成整体，连墙点既能承受拉力又能承受压力。软拉结件一般为8号铁丝，使用时应双股设置。两排连墙点的垂直距离为2～3步架高；水平距离不大于4倍的立杆间距，转角两排立杆和顶排架，必须设置连墙点。连墙点的构造与木脚手架相同，如图5—11所示。

7）搁栅。搁栅的小头直径不小于75 mm，搁栅应设在横向水平杆上，间距不大于0.25 m。搁栅绑扎在横向水平杆上时，搭接处的杆件应头搭头，梢搭梢，搭接端应在横向水平杆上，伸出200～300 mm。

8）脚手板、护栏和挡脚板。操作层的脚手板应满铺在搁栅、横向水平杆上，用铁丝与搁栅绑牢。搭接必须在小横杆处，脚手板伸出横向水平杆长度为 100 ~ 150 mm，靠墙面一侧的脚手板离开墙面 120 ~ 150 mm。脚手架搭到 3 步架高时，操作层必须设防护栏杆和挡脚板。护栏高 1.2 m，挡脚板高不小于 0.18 m。

二、竹脚手架的拆除

1. 竹脚手架的拆除顺序

竹脚手架拆除必须按下列顺序自上而下拆除：拆除顶部安全网→拆除防护栏杆→拆除挡脚板→拆除脚手板→拆除横向水平杆→拆除剪刀撑→拆除连墙点→拆除纵向水平杆→拆除立杆→拆除斜撑→拆除抛撑和扫地杆，认真做到一步一清。严禁上下同时进行作业，严禁采用推倒或拉倒的方法进行拆除。

2. 竹脚手架的拆除要求和注意事项

竹脚手架的拆除要求和注意事项与木脚手架基本相同，但要特别注意以下几点：

（1）竹竿较轻，拆除较容易

由于竹竿轻，拆除也较容易，但易掉以轻心，甚至不挂安全带。竹竿虽轻但光滑，一不小心容易滑落，因而必须系好安全带，按操作要求由上而下依次拆除。

（2）各种杆件的拆除

拆除各种杆件时应注意：

1）立杆。先稳住立杆再解最后两道扣。

2）纵向水平杆、剪刀撑、斜撑等。先解中间扣，托住中间扣再解开两头扣。

3）抛撑。应先用临时支撑加固后，才允许拆除抛撑。

4）剪刀撑和连墙点。只能在拆除层上按程序拆除，不得随意乱拆，以免发生塌架事故。

第六节 异形脚手架

烟囱、水塔等圆形和方形建筑物施工时，如图 5—18 所示，一般等同正方形、六角形、八角形等多边形外脚手架，均采用双排或三排架，严禁使用单排架。

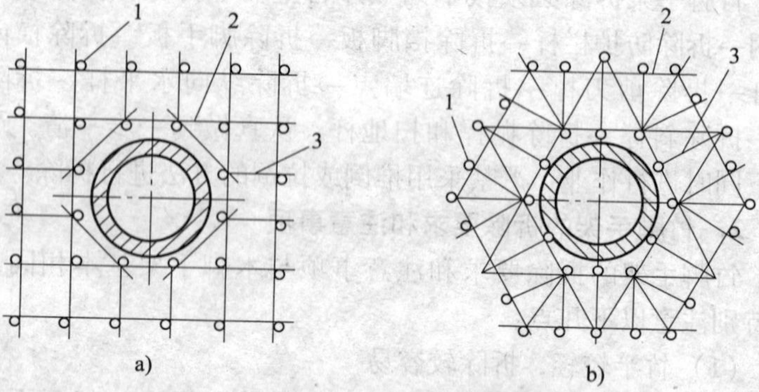

图 5—18 烟囱、水塔脚手架的平面形式

a）正方形架子 b）六角形架子

1—立杆 2—纵向水平杆 3—横向水平杆

同其他脚手架一样，烟囱、水塔脚手架也由立杆、纵向水平杆、横向水平杆、剪刀撑等基本杆件组成。烟囱、水塔脚手架的构造参数见表 5—4。

表 5—4 烟囱、水塔脚手架的构造参数 m

里排立杆距构筑物边	立杆间距		操作层横向水平杆间距	纵向水平杆步距
	横距	纵距		
0.4～0.5	≤1.5	≤1.4	≤1	≤1.2

烟囱（水塔）脚手架搭设场地应当清理干净，平整场地、夯实基土，排水畅通。应当按照放线标志放置垫板、安设底座，外侧自下而上每边均应设置剪刀撑，转角处必须设置抛撑。

平面形状为正方形或六角形的烟囱外脚手架，高度不宜超过 40 m。烟囱架下大上小，搭设过程中应随其坡度相应收缩脚手架的平面几何形状。

平面形状为正方形或六角形的水塔外脚手架，根据水箱直径大小搭设为三排架，如图 5—19 所示。

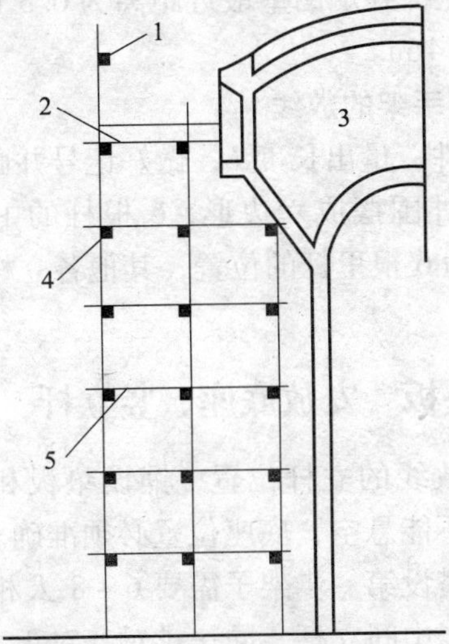

图 5—19　水塔外脚手架的搭设形式

1—栏杆　2—脚手板　3—水塔　4—纵向水平杆　5—横向水平杆

搭设的基本顺序要求是应先里排后外排，先转角处后中间，同一排里杆应齐直，相邻两排立杆接头应错开一步架。

一、放线

根据方案设计图样放线。

1. 正方形脚手架的放线

取出 4 根杆件，量出长度 L，做好记号并画上中点，然后把这 4 根杆在烟囱外围摆成正方形，4 根杆的中点与烟囱中心线对齐，调整杆件位置使两对角线长度相等。杆件垂直相交的 4 个角点即为 4 根里杆的位置，其他各立杆及外排立杆的位置随之即可确定。

通过计算可得，搭设正方形脚手架，里排架的长度等于烟囱直径加 2 倍的里排立杆到烟囱壁最近距离。例如：烟囱底直径为 3 m，里排立杆到烟囱壁最近距离为 0.5 m，则里排边长为 $3\ \text{m}+2\times0.5\ \text{m}=4\ \text{m}$。

2. 六边形脚手架的放线

取出 6 根杆件，量出长度 L，做好记号并画上中点，然后把这 6 根杆在烟囱外围摆成六边形，6 根杆的中点与烟囱圆心对齐，6 个角点即为 6 根里杆的位置，其他各立杆及外排立杆的位置随之即可确定。

二、铺设垫板、安放底座、竖立杆

按照脚手架放线的立杆位置，铺设垫板和安放底座。垫板应当铺设平稳、不能悬空，底座位置必须准确。

竖立杆时，搭设第一步架子需要 6 ~ 8 人相互配合，先竖转角处的立杆，后竖中间立杆，同一排对齐对正。

相邻两立杆的接头不得在同一步架、同一跨间内。

三、安放水平杆

立杆安放后应当立即安装纵横向水平杆，纵向水平应当设置在立杆内侧。

接头应当相互错开，水平距离不小于 0.5 m；相邻水平杆的接头不得在同一步架、同一跨间内。

横向水平杆端头与烟囱壁的距离应当控制在 100 ~ 150 mm，

不得顶住烟囱筒壁。

转角处应补加一根横向水平杆，使交叉搭接处形成稳定的三角形。

四、安装剪刀撑、斜撑

脚手架每一外侧应当从底到顶设置剪刀撑，随搭设进度随时设置。

剪刀撑的一根与立杆扣接固定，另一根应当与横向水平杆固定；最下一步剪刀撑应当落地并与地面成45°~60°夹角。

五、安装缆风绳

架高10~15 m时，应在脚手架各顶角处各设一道；以后每增加10 m加设一组。

缆风绳应选用直径不小于10 mm的钢丝绳，不得用钢筋代替，与地面夹角为45°~60°，下端必须单独固定在地锚上。

六、操作层搭设

操作层应满铺脚手板，设置防护栏杆和挡脚板。操作层下一步架也应满铺脚手板或设置一道随层或层间的安全平网，以下每10步应当满铺一层。

第六章

模板支撑架

模板支撑架主要用于现浇钢筋混凝土模板支撑或其他临时支撑，属于一种临时性的承重结构体系，它的作用是保证模板面板的形状和位置，承受模板、钢筋及新浇捣混凝土和施工作业活动的重力。

第一节　扣件式钢管模板支撑架

采用扣件式钢管脚手架材料搭设的、支撑高度不小于4.0 m的梁板楼（屋）盖模板支撑架，称为扣件式钢管模板支撑架。

一、扣件式模板支撑架的搭设

扣件式模板支撑架的基本结构与扣件式脚手架基本相同，由底座、立杆、水平拉结件、斜杆等组成，由于模板支撑架的作用是支撑上面模板和施工作业的重力，在支撑架的顶端应设置支托板，传导模板荷载到支架上。

1. 立杆设置与接长

（1）立杆构造及布置

1）模板支撑架的立杆可视设计荷载情况采用单立杆或双立杆。

2）立杆之间必须按步距满设双向水平杆，确保其在两个方向（X，Y）均具有足够的设计刚度。

3）采用双立杆时，一般应采用同一方向的双杆布置，以适应水平杆的设置要求。

4）当架体构造荷载（自重）在立杆不同高度段所引起的轴向力变化不大时，可采用等步距设置；当中部有加强层或支架很高、使其轴向力沿高度分布的变化较大时，可采用“下小上大”的变步距设置，但步距的变化不宜过大，如图 6—1 所示。

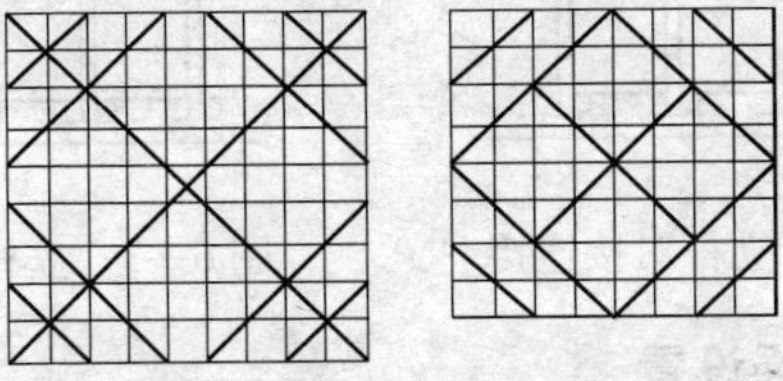

a）

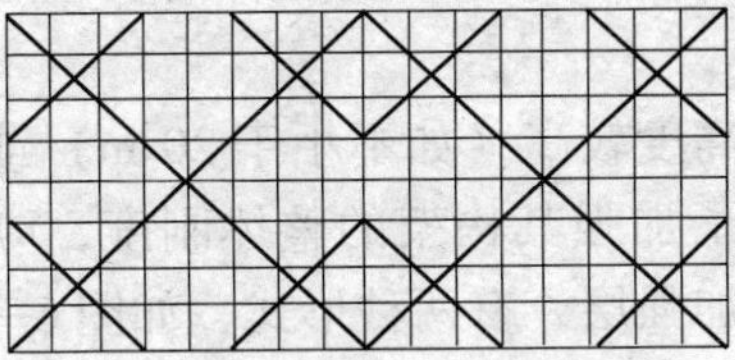

b）

图 6—1　模板支架的竖向构造

a）等步距　b）变步距

5）一般情况下，模板支架的步距以 0.9 ~ 1.5 m 为宜，不宜超过 1.5 m。

（2）立杆接口

立杆的接口可采用对接或搭接方式连接。

1）对接连接。采用对接扣件连接时，在立杆顶端安插一个顶托，从而使被支撑的模板荷载通过顶托直接作用在立杆上，如图 6—2 所示。

2）搭接连接。采用回转扣件搭接时，搭接长度不小于 600 mm，模板荷载作用在顶层横杆上，再通过扣件传到立杆。如图 6—3 所示。

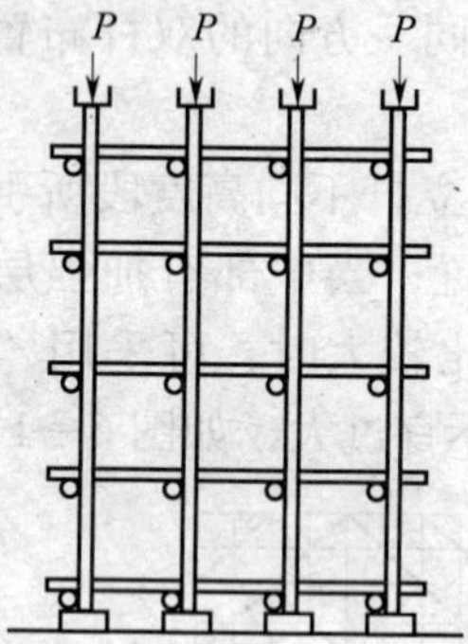

图 6—2　立杆对接连接

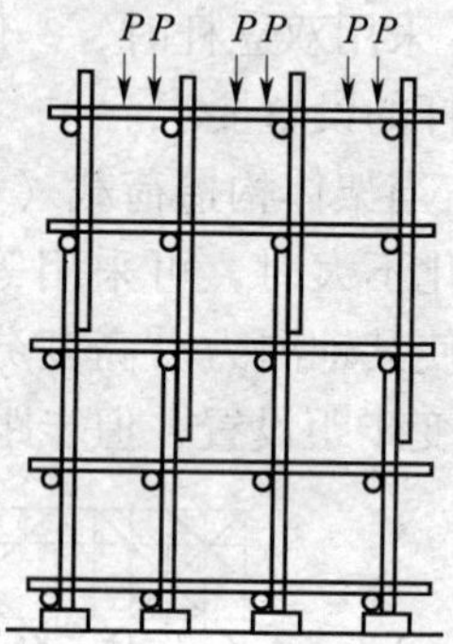

图 6—3　立杆搭接连接

2．水平加强设置

高支撑架的顶部和底部（扫地杆的设置层）必须设置整体性水平加强层。

当支撑架的高度较高（如不小于 20 m）或者其横向高宽比不小于 6 时，为了加强其构架的整体刚度，应视需要设置一至数道整体性水平加强层，有两种形式，如图 6—4 所示。

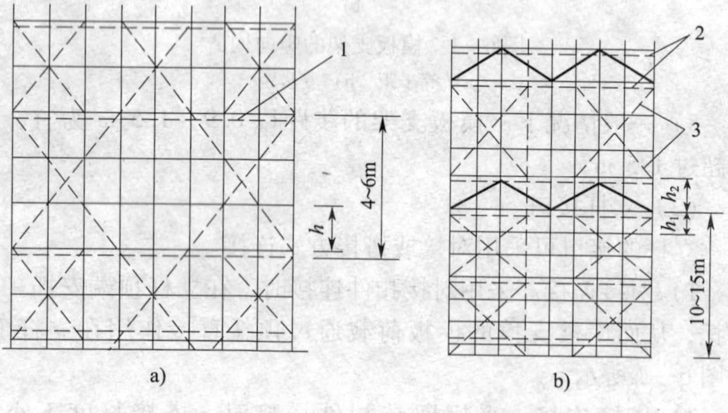

图 6—4　扣件式模板支架的水平加强层构造

a）单水平加强层　b）双水平加强层

1—单水平加强层　2—双水平加强层　3—剪刀撑

（1）单水平加强层

即每隔 4～6 m 沿水平结构层设置水平斜杆或剪刀撑，且必须与立杆相连接，设斜杆的框格数量应大于该水平层框格总数的 1/3。

（2）双水平加强层

在支撑架的顶部和中部每隔 10～15 m 设置双水平加强层，在其间的四周和中部每隔 10～15 m 设竖向斜杆，形成连接上下水平层的构造桁架，使其形成具有较大刚度和变形约束能力的空间结构层。

3. 斜撑设置

为保证支撑架的整体稳定性，在设置水平加强层的同时，还必须沿支架四周外立面设置斜撑，中部可视需要并依构架框格的大小，每隔 10～15 m 设一道。具体搭设时可采用刚性斜撑和柔性斜撑。

（1）刚性斜撑以钢管为斜撑，用扣件将它们与支撑架中的立杆和水平杆连接，如图 6—5 所示。

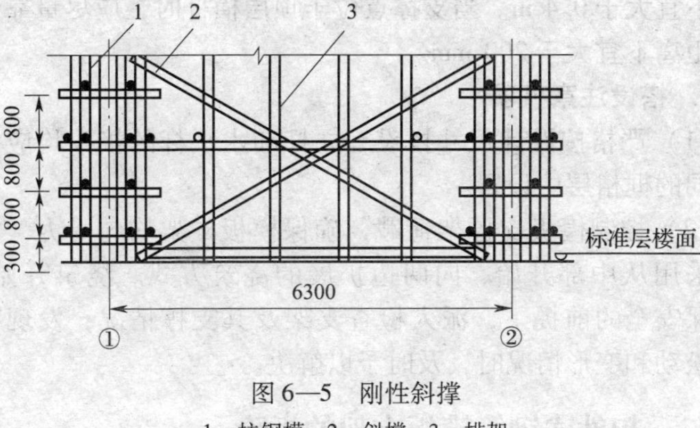

图 6—5　刚性斜撑

1—柱钢模　2—斜撑　3—排架

（2）柔性斜撑采用钢筋、铅丝、铁链等材料，必须交叉布置，如图 6—6 所示。

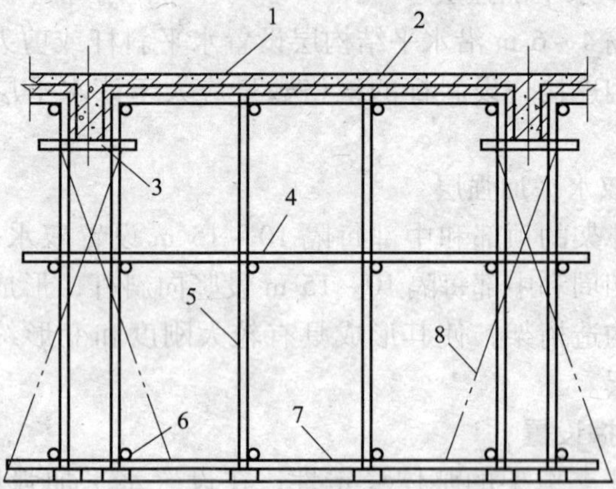

图 6—6　柔性斜撑

1—钢模　2—40 × 60 方木或 $\phi 48 \times 3.5$ 钢管　3—梁下横棱

4、7—水平连杆　5—立柱　6—木楔　8—剪刀撑

4．顶部承载支撑点设计

最好在立杆顶部装设支托板，支托底板至支架顶层横杆的高度不宜大于 0.4 m。当支撑点位于顶层横杆时，应尽量靠近立杆，距离不宜大于 200 mm。

5．搭设注意事项

（1）严格按设计尺寸搭设，立杆和水平杆的接头均应错开在不同的框格层中设置。

（2）控制模板支撑架荷载，确保模板支架均匀受力，混凝土宜采用从中部开始、向两边扩展的浇筑方式。浇筑开始后，在确保安全的前提下，派人检查支架及其支撑情况，发现有下沉、松动和变形情况时，及时予以解决。

二、扣件式钢管模板支架的拆除

扣件式钢管模板支架在浇捣的混凝土结构达到规定强度标准值后，方可拆除。拆除时应先松动可调螺栓，将拆下来的模板放在承重支架的木板上运出后，即可按照扣件钢管脚手架的拆除顺序和要求进行拆除工作。

第二节　碗扣式钢管模板支撑架

碗扣式模板支撑架，可以组成不同密度、不同高度、承受不同荷载的支撑架，现已广泛应用于多层及高层现浇钢筋混凝土结构施工中。若能配备快速拆模系统，可以使模板和支撑架的周转速度比常规快一倍以上。材料占用量减少近一半，经济效果十分明显。此外，在桥梁、地道桥、箱涵、地下人行通道的施工中，也得到了广泛的应用。

一、碗扣式钢管模板支撑架的基本构造

用碗扣式钢管脚手架可构造各种形式的支撑架和支撑柱，包括双排架、多排架、满堂架、扩座架和格构支撑柱。支撑架可以根据荷载要求组成下列五种基本组合：

A 型组合：1.8 m（框长）×1.8 m（框宽）×1.8 m（框高）的框架单元。

B 型组合：1.2 m×1.2 m×1.8 m 的框架单元。

C 型组合：1.2 m×1.2 m×1.2 m 的框架单元。

D 型组合：0.9 m×0.9 m×1.2 m 的框架单元。

E 型组合：0.9 m×0.9 m×0.6 m 的框架单元。

碗扣式钢管模板支撑架的基本构造如图 6—7 所示。

1. 立柱

支撑架立柱由立杆底座（立杆垫座或立杆可调底座）、立杆、顶杆、可调托座组成。可调托座插在顶杆上，其上可直接安装支撑横梁。由不同立杆、顶杆和可调托座可组成任意高度

的支撑架方柱。表6—1为支撑架高度与构件组合。

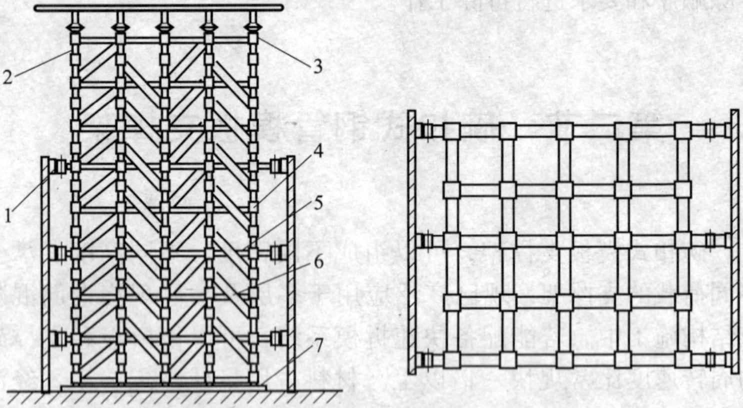

图6—7　碗扣式钢管模板支撑架的基本构造

1—横托座　2—顶杆　3—可调托座　4—立杆

5—横杆　6—斜杆　7—垫座（可调底座）

表6—1　　　　支撑架高度与构件组合

支撑架高度（m）	可调托座的可调高度（m）	立杆数量		顶杆数量	
		LG-300（3 m）	LG-150（1.8 m）	DG-150（1.5 m）	DG-90（0.9 m）
2.75~3.35	0.05~0.65	0	1	0	1
3.35~3.95	0.05~0.65	0	1	1	0
3.95~4.55	0.05~0.65	1	0	0	1
4.55~5.15	0.05~0.65	1	0	1	0
5.15~5.75	0.05~0.65	0	2	1	0
5.75~6.35	0.05~0.65	1	1	0	1
6.35~6.95	0.05~0.65	1	1	1	0
6.95~7.55	0.05~0.65	2	0	0	1
7.55~8.15	0.05~0.65	2	0	1	0

续表

支撑架高度（m）	可调托座的可调高度（m）	立杆数量		顶杆数量	
		LG－300（3 m）	LG－150（1.8 m）	DG－150（1.5 m）	DG－90（0.9 m）
8.15～8.75	0.05～0.65	1	2	1	0
8.75～9.35	0.05～0.65	2	1	0	1
9.35～9.95	0.05～0.65	2	1	1	0
9.95～10.55	0.05～0.65	3	0	0	1
10.55～11.15	0.05～0.65	3	0	1	0
11.15～11.75	0.05～0.65	2	2	1	0
11.75～12.35	0.05～0.65	3	1	0	1
12.35～12.95	0.05～0.65	3	1	1	0
12.95～13.55	0.05～0.65	4	0	0	1
13.55～14.15	0.05～0.65	4	0	1	0
14.15～14.75	0.05～0.65	3	2	1	0
14.75～15.35	0.05～0.65	4	1	0	1
15.35～15.95	0.05～0.65	4	1	1	0
15.95～16.55	0.05～0.65	5	0	0	1
16.55～17.15	0.05～0.65	5	0	1	0
17.15～17.75	0.05～0.65	4	2	1	0
17.75～18.35	0.05～0.65	5	1	0	1

2. 横托座

横托座、可调横托座既可用作墙体的侧向模板支撑，又可作为重载支撑架的横向限位支撑。横托座一端用碗扣接头同支撑架连接，另一端插上可调托座，安装支撑梁。此外，横托座应设置在横杆层，并应两侧对称布置。

3. 底座设置

除架立在混凝土等坚硬基础上的支撑底架可用立杆垫座外，

其余均应设置立杆可调底座。在搭设及使用过程中。应随时注意基础的沉降，对基础沉降悬空的立杆，须调整可调底座，使之均匀受力。

4．斜杆设置

为加强支架整体刚度、提高抗侧力作用和侧向变形的能力，并可分担其一部分竖向荷载，应在支撑架外围设置斜杆。碗扣式钢管模板支撑架外围的斜杆设置如图 6—8 所示。

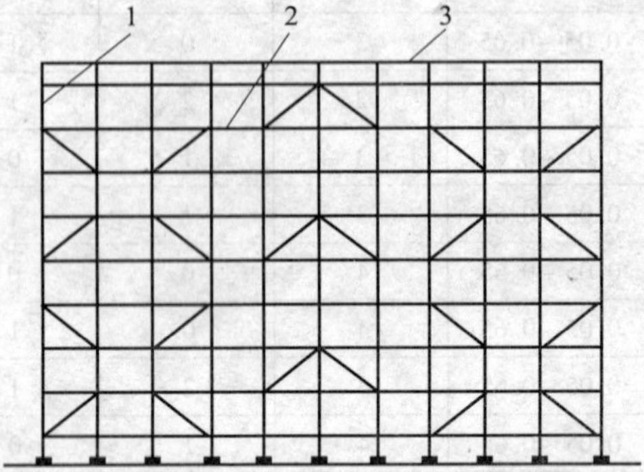

图 6—8　碗扣式钢管模板支撑架外围的斜杆设置

1—立杆　2—横杆　3—栏杆

5．高架支撑扩大基础

在无条件设置侧向支撑（座）或拉结的情况下，或者支撑架高宽（按窄边门算）比超过 5 时，可以用扩大底座的构架形式，适于在旷野和基础情况较差的工程中使用，如图 6—9 所示。

二、碗扣式钢管支撑架的搭设

首先根据施工荷载大小选择支撑架组合尺寸及形式，并按支撑高度要求组配立杆、顶杆及可调底座、可调托座，画出组架图和材料明细表。

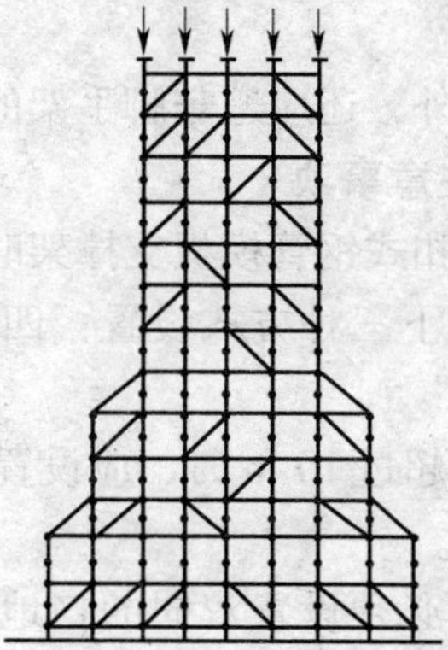

图 6—9　高架支撑扩大基础

1. 搭设步骤

（1）地基处理

地基要求和处理方式同碗扣式钢管脚手架。

（2）放线定位、放底座

方法同碗扣式钢管脚手架。

（3）竖立杆

第一步立杆的长度应一致，即支撑架的立杆接头应在同一水平面上，顶杆仅在顶端使用，以便能插入托座。

（4）安装横杆和斜杆

横杆的安装同脚手架，斜杆一般仅在支撑架的四周布置。不能在框架对角节点布置斜杆的，可以错节布置。

（5）安装横托座

横托座主要作横向支托用，以增强框架的稳定性。也可以作侧压力支撑用，但必须对称布置。

（6）检查验收

支撑架拼装到 3 ~ 5 层时，应检查每根立杆底座是否松动，如松动应旋紧可调底座或用薄铁片垫实。

整架拼装完毕应检查所有连接扣件是否扣紧，松动的应用锤敲紧。

组架除上述要求外，还应遵守脚手架的有关规定。

2. 搭设要点及注意事项

在搭设和使用碗扣式钢管模板支撑架时，应注意以下事项：

（1）斜杆可按如下三种方式设置：四侧设斜杆、两对侧设斜杆和两侧设斜杆。

（2）当搭设高度超过 10 m 时，应设置水平加强层，做法同扣件式钢管高支撑架。

（3）在立杆根部必须设置双向的扫地杆，即立杆根部的碗扣节点必须装设横杆（水平杆）。

三、碗扣式钢管支撑架的拆除

碗扣式钢管支撑架的拆除应先从顶层开始，先拆可调托撑、横杆，后拆立杆，逐层往下拆除，严禁上下层同时拆除或阶梯形拆除。其他拆除方法与碗扣式钢管脚手架相同。

第三节　门式钢管模板支撑架

门式钢管模板支撑架，采用门形钢架构造，承受弯矩作用的能力较强，在受竖向的集中或均布荷载作用时，其节点的刚性构造可以很好地承受弯矩的作用，并将其转为立杆的轴向力向下传递，其根部又通过连接棒与其下门架立杆对接，受下门架横梁的约束，可以较好地发挥立杆的承载能力。

一、门式钢管支撑架的基本结构与构配件

1. 基本结构

门式钢管模板支撑架，无论是低支架还是高支架，均有两

类构架形式。

（1）平行门架组合

即按单列门架向上接高，或将相互平行的几列门架通过设置水平杆，拉结成整体，如图 6—10 所示。

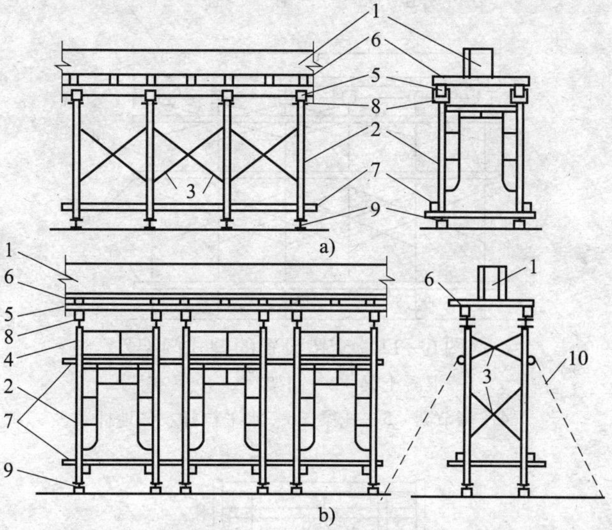

图 6—10　平行门架组合

a）单层门式钢管支撑架　b）带调高架门式钢管支撑架

1—混凝土梁　2—门架　3—交叉支撑　4—调节架　5—托梁　6—底模横棱　7—水平拉杆、扫地杆（封口杆）　8—可调托座　9—可调底座　10—抛撑

（2）交错设置的叠式门架

即两列门架相互交错或重叠一部分的设置方式，以缩小门架立杆的间距，提高其承载能力，用于支撑较重的大梁模板荷载，如图 6—11 所示。

2．构配件

（1）门架

可采用门式钢管脚手架的门架，也可采用专门适用于搭设支撑架的 CZM 门架，如图 6—12 所示。

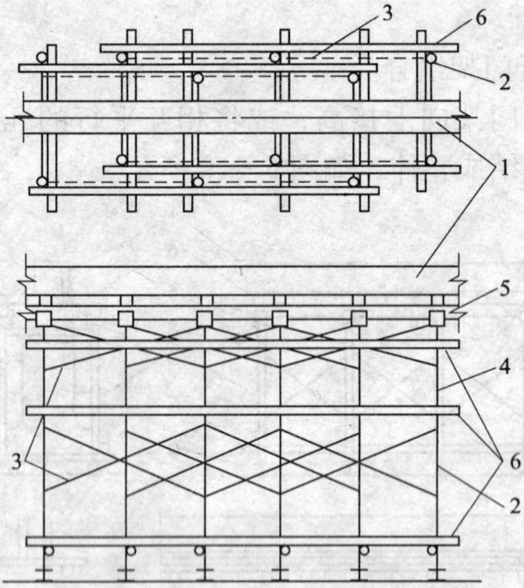

图 6—11　交错设置的叠式门架

1—混凝土梁　2—门架　3—交叉支撑

4—调节架　5—托梁　6—水平拉杆、扫地杆

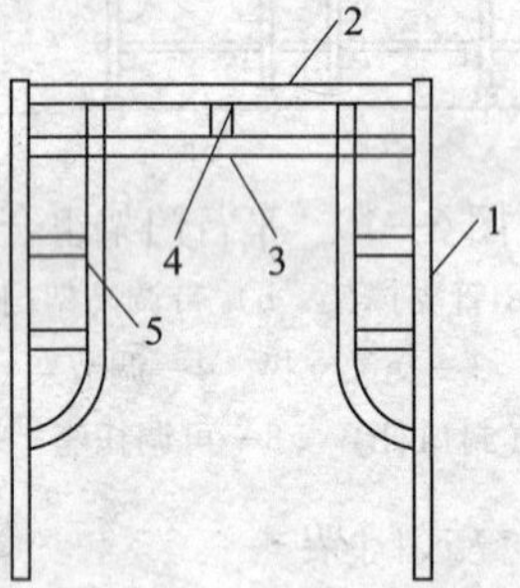

图 6—12　CZM 门架构造

1—门架立杆　2—上横杆　3—下横杆　4—腹杆

5—加强杆（1.2 m 高门架没有加强杆）

其构造由门架立杆、构造式横梁、腹杆、加强杆和止退销构成。为适应不同支撑高度的要求，支撑架必须具备调节高度的功能，门式架均采用了调节架、可调底座、可调顶托等部件。

（2）水平杆、斜杆等拉撑结构

通过纵横水平杆和斜杆把门架连接起来组成框架，如图6—13～图6—15所示，设置各杆的要点和注意事项主要有：

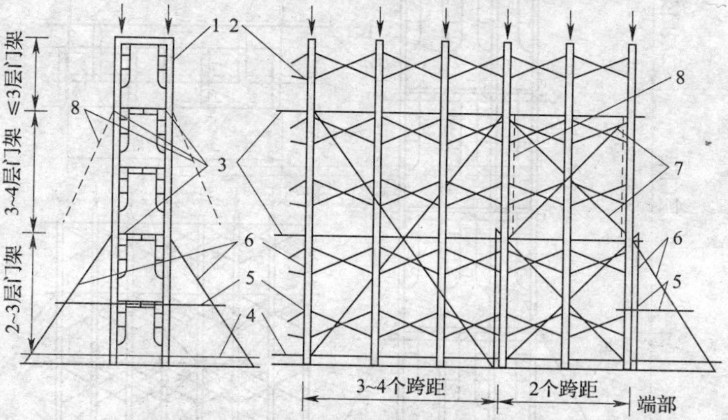

图6—13　门式钢管单排高支架的拉撑构造

1—门架　2—交叉支撑　3—水平拉杆（加强杆）　4—扫地杆　5—斜撑拉杆　6—抛撑　7—剪刀撑　8—缆绳

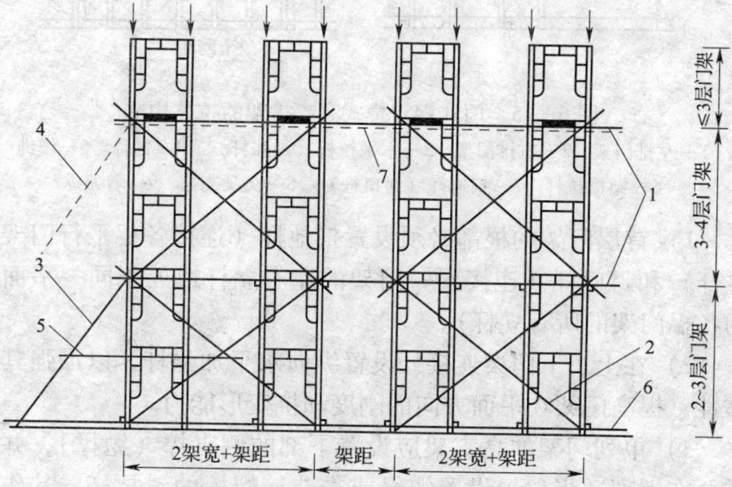

图6—14　门式钢管多排高支架在门架平面方向的拉撑构造

1—水平拉杆（加强杆）　2—剪刀撑　3—抛撑　4—缆绳　5—抛撑拉杆　6—扫地杆（封口杆）　7—水平剪刀撑

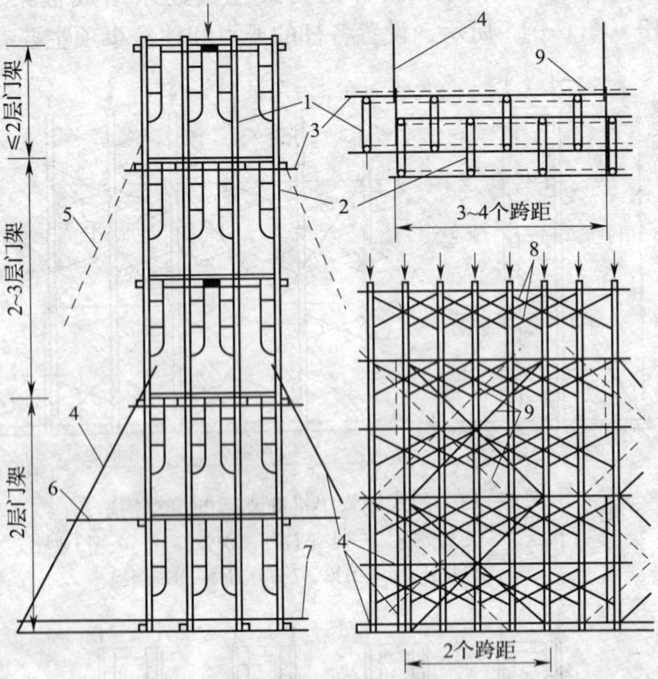

图 6—15　门式钢管叠式高支撑架的拉撑构造

1—左排门架　2—右排门架　3—水平拉杆（加强杆）　4—抛撑　5—缆绳　6—抛撑拉杆　7—扫地杆（封口杆）　8—交叉支撑　9—剪刀撑

1）首层门架的根部必须设置扫地杆（连接各榀平行门架的立杆）和封口杆（连接同一门架的左右立杆或处于同一平面内的各榀门架的所有立杆）。

2）在上、下门架连接处设置纵向水平加强杆，以加强其整体性，提高门架在平面方向的刚度和抗变形能力。

3）单列门架的高支架应设置下部的侧支撑（抛撑），并视需要在上部适当位置设置缆绳或带花篮螺栓的斜拉杆。其作用有二：一是加强其侧向的稳定性；二是用以调整支架的垂直度，避免产生过大的偏心作用。并且，设置水平杆件与抛撑拉结。

4）在支架具有大面积侧面积时，应适当设置长剪刀撑，其斜杆的上下端与水平加强杆连接，以加强其抵抗顺平面侧力作用的能力。

二、门式钢管模板支撑架的搭设与使用要求

1. 搭设要点

门式钢管模板支撑架的搭设方法与门式钢管脚手架基本一致，在门式钢管模板支撑架的搭设过程中，应注意以下要点：

（1）安装前应根据结构、构造设计出门架的纵、横中心线。

（2）底座和顶托处应采取措施，防止砂浆和混凝土等污物堵塞螺纹。

（3）为防止门架可调底座的污染应采取包扎保护措施。

（4）模板支撑高度超过 1.5 m 时，应设缆风绳拉牢。

（5）交叉支撑水平加强杆剪刀撑不得随意拆卸，因施工需要临时局部拆卸时施工完毕应立即恢复。

2. 使用要求

（1）模板支撑架在使用过程中，应避免局部超载和产生偏心荷载。如泵送混凝土时，应随浇、随捣、随平整，混凝土不宜堆积在输送管道的出口处，避免产生过大的堆积荷载，使架子偏心受力而产生歪斜。装卸其他物料也应尽量避免对模板支撑架产生过大的偏心、振动或冲击。

（2）在使用过程中，模板支撑架的水平加强杆、交叉支撑和剪刀撑等不准随意拆除。施工需要拆除局部杆件时，必须采取临时加固措施后方可拆除，施工完毕应立即补上。

三、门式钢管模板支撑架的拆除

门式钢管模板支撑架的拆除必须遵守以下规定：

1. 拆除顺序和拆除要求与门式钢管脚手架相同。

2. 拆除时应采用可靠的安全措施，门架的构配件拆除后应分类捆绑，用机械吊运至地面，严禁高空抛掷。

3．对拆除下来的构配件要进行及时的检查、维修和保养。

变形的构配件应调整修理，油漆剥落处除锈后，应重新涂刷防锈漆。对底座、螺栓螺纹及螺栓孔等不易涂刷油漆的部件，在每次使用完毕清理污泥，涂上黄油防锈。门架宜倒立或平放，平放时应相互对齐。剪刀撑、水平撑、栏杆等应绑扎成捆堆放，其他小零件应分类装入木箱内保管。

4．为防止脚手架的各配件生锈，最好储存在干燥通风的库房内，条件不允许时，也可以露天堆放，但必须选择地面平坦、排水良好的地方。堆放时下面要铺垫板，堆垛上要加盖防雨布。

5．拆除时应规定拆除方法，禁止抛掷。

6．扣件式、碗扣式及门式钢管模板支撑架作为模板的承重支撑使用时，达到规定强度标准值后现浇结构方可拆除，现浇结构拆除时所需混凝土强度见表6—2。拆除模板的参考时间见表6—3。

表6—2　　现浇结构拆除时所需混凝土强度

项次	结构类型	结构跨度（m）	达到混凝土设计强度标准值的百分率（%）
1	板	≤2 2~8	55~75
2	梁	≤8 >8	75~100
3	拱、壳	≤8 >8	75~100
4	悬臂构件	≤2 >2	75~100

表6—3　　拆除模板的参考时间　　天

水泥的强度等级及品种	达到混凝土设计强度标准值的百分率（%）	硬化时昼夜平均稳定气温（℃）					
		5	10	15	20	25	30
32.5普通水泥	50	12	8	6	4	3	2

续表

水泥的强度等级及品种	达到混凝土设计强度标准值的百分率（%）	硬化时昼夜平均稳定气温（℃）					
		5	10	15	20	25	30
32.5 普通水泥	70	26	8	4	9	7	6
	100	55	45	35	28	21	18
42.5 普通水泥	50	10	7	6	5	4	3
	70	20	14	11	8	7	6
	100	50	40	30	25	20	18
32.5 矿渣或火山灰质水泥	50	18	12	10	8	7	6
	70	32	25	17	14	12	10
	100	60	50	40	28	24	20
42.5 矿渣或火山灰质水泥	50	16	11	9	8	7	6
	70	30	20	15	13	12	10
	100	60	50	40	28	24	20

若模板支撑架兼作其他承重支撑使用时，其拆除时间必须经单位工程技术负责人同意后，方可拆除。

第四节 其他模板支撑架

一、木结构模板支撑架

木立柱适用于层高不大于 5 m 模板支撑架系统；当层高大于 5 m 时，应当采用桁架支撑或钢管立柱模板支撑架系统。

1. 垫木

（1）立柱底部的地基土应夯实，在立柱底应加设垫木，垫木的尺寸不得小于 200 mm × 100 mm × 800 mm。

（2）木立柱底部与垫木之间应设置硬木对角楔调整标高，并应用钢钉将其固定在垫木上。

2. 木立柱

（1）木立柱可选用原木或方木，两端应锯成平面。

（2）原木小头直径应不小于 80 mm，方木边长应不小于 80 mm。

（3）木立柱宜选用整料，当长度不足时：

1）选用原木时，不得接长。

2）选用方木时，接头不宜超过一个，并应采用对接夹板接头方式。接头形式如图 6—16 所示，两根立柱接头处应锯平顶紧，并应采用双面夹板夹牢，夹板厚度应为木柱厚度的一半，夹板每端与木柱搭接长度不应小于 250 mm，宽度与方木相等。每块夹板用 8 根（接头处上下各 4 根）圆钉钉牢，圆钉长度应为夹板厚度的 2 倍。

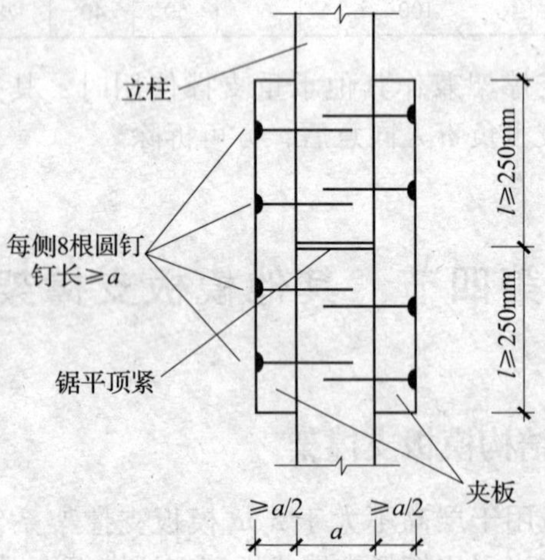

图 6—16　方木立柱接头

3）立柱底部可采用垫块垫高，但不得采用单码砖垫高，垫高高度不得超过 300 mm。

（4）木立柱顶部应设支撑头；封顶立柱大头应朝上，并用双股钢丝绑扎。

（5）木立柱纵横间距不大于1.5 m。

（6）单立柱支撑应放置在柱底垫木和梁底模板的中心，并应与底部垫木和顶部梁底模板紧密接触，且不得承受偏心荷载，可用圆钉与底模支撑梁钉牢。

（7）搭设时应从底到顶，不得分层。

（8）当仅为单排立柱时，应在单排立柱的两边每隔3 m加设斜支撑，且每边不得少于2根，斜支撑与地面的夹角应为60°。

3．扫地杆、水平拉杆

（1）木立柱的扫地杆、水平拉杆应采用40 mm×50 mm木条或25 mm×80 mm的木板条与木立柱连接牢固。

1）采用方木立柱时，应采用不少于两根圆钉与立柱钉牢，圆钉长度应不小于杆件厚度的2倍。

2）采用原木立柱时，应使用8号镀锌钢丝与立柱绑牢。

（2）在立柱底部距地面200 mm高处，沿纵横水平方向应按纵下横上设扫地杆。

（3）纵横水平拉杆的步距应当不大于1.4 m。

（4）严禁使用板皮替代水平拉杆。

（5）水平拉杆的接头应当置于立柱处。

4．连墙件

所有水平拉杆的端部均应与四周建筑物顶紧顶牢。无处可顶时，应在水平拉杆端部和中部沿竖向设置连续式剪刀撑。

5．剪刀撑

（1）架体四周外排立柱必须设剪刀撑，中间每隔三排立柱沿横方向设置通长竖向剪刀撑。

（2）剪刀撑均必须从底到顶连续设置。

（3）当架体高于5 m时，在四角及中间每隔15 m处，剪刀撑斜杆的每一端部位置，加设与竖向剪刀撑同宽的水平剪刀撑。

（4）剪刀撑应采用40 mm×50 mm 木条或25 mm×80 mm 的木板条与木立柱连接牢固。

1）采用方木立柱时，应采用不少于两根圆钉与立柱钉牢，圆钉长度应不小于杆件厚度的2倍。

2）采用原木立柱时，应使用8 号镀锌钢丝与立柱绑牢。

二、梁式或桁架式模板支撑架

1. 采用伸缩式桁架时，其搭接长度不得小于500 mm，上下弦连接销钉规格、数量应按设计规定，并应采用不少于2 个U 形卡或钢销钉销紧，2 个U 形卡距或销距不得小于400 mm。

2. 安装的梁式或桁架式支撑架的间距设置应与模板设计图一致。

3. 支撑梁式或桁架式支撑架的建筑结构应具有足够强度，否则，应另设立柱支撑。

4. 若桁架采用多榀成组排放，在下弦折角处必须加设水平撑。

三、工具式立柱模板支撑架

常用的工具式钢管立柱主要由顶板、套管、插管、琵琶撑和底板等构成，主要形式如图6—17 所示。常见有CH 型、YJ 型。

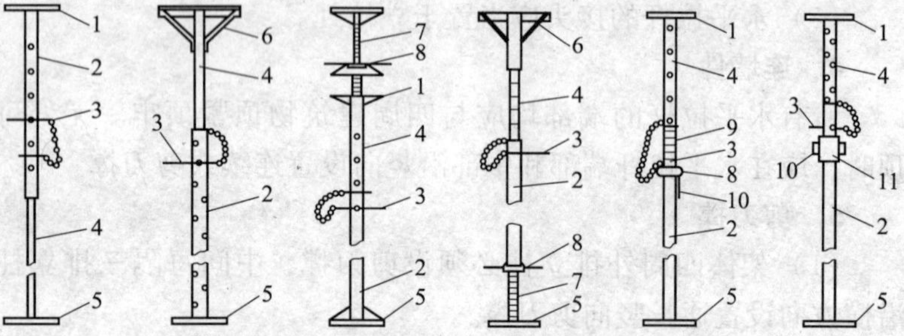

图6—17　钢管立柱构造形式

1—顶板　2—套管　3—插销　4—插管　5—底板　6—琵琶撑　7—螺栓　8—转盘　9—螺管　10—手柄　11—螺旋套

1. CH 型、YJ 型钢管支架的规格见表 6—4。

表 6—4　　CH 型、YJ 型钢管支架的规格

项目 \ 型号		CH 型			YJ 型		
		CH－65	CH－75	CH－90	YJ－18	YJ－22	YJ－27
最不使用长度（mm）		1 812	2 212	2 712	1 820	2 220	2 720
最大使用长度（mm）		3 062	3 462	3 962	3 090	3 490	3 990
调节范围（mm）		1 250	1 250	1 250	1 270	1 270	1 270
螺栓调节范围（mm）		170	170	170	70	70	70
容许荷载	最小长度时（kN）	20	20	20	20	20	20
	最大长度时（kN）	15	15	12	15	15	12
质量（kN）		0. 124	0. 132	0. 148	0. 138 7	0. 149 9	0. 163 9

注：下套管长度应大于钢管总长的 1/2 以上。

2. CH 型、YJ 型钢管立柱的力学性能见表 6—5。

表 6—5　　CH 型、YJ 型钢管立柱的力学性能

项目		直径（mm）		壁厚（mm）	截面面积（mm^2）	惯性矩 I（mm^4）	回转半径 i（mm）
		外径	内径				
CH 型	插管	48. 6	43. 8	2. 4	348	93 200	16. 4
	套管	60. 5	55. 7	2. 4	438	185 100	20. 6
YJ 型	插管	48	43	2. 5	357	92 800	16. 1
	套管	60	55. 4	2. 3	417	173 800	20. 4

3. 工具式钢管单立柱支撑的间距应符合支撑设计的规定。

4. 立柱不得接长使用。

5. 所有夹具、螺栓、销子和其他配件应处在闭合或拧紧的状态。

四、悬空结构模板支撑架

1. 用于高空悬挑结构的模板支撑架，一般采用搭设桁架式支撑架形式。

（1）应在悬空跨度范围内，合理设计桁架梁的格构尺寸。

（2）桁架梁的高度宜为桁架跨度的1/6～1/4。

（3）桁架结构所用材料应为工字钢或槽钢，辅以角钢、钢管作为构造加强措施。

（4）型钢之间的连接方式宜为螺栓连接。

（5）采用钢管的构造加强措施应用扣件连接。

2. 斜撑杆设置的道数，应根据上部结构的荷载情况进行设计，一般为3～5道。

（1）斜撑支撑宜设置在桁架底部以下3～5个楼层范围内。

（2）斜撑杆上端在桁架顶面处的格构单元杆件间距，宜为桁架跨度的1/8～1/6。

3. 桁架水平拉杆的竖向间距（步距）宜为桁架梁总高的1/4～1/3，并分别与斜撑杆扣接；竖向支撑杆的间距宜为跨度的1/16～1/12。

4. 斜撑杆的底端支点应在混凝土中预留孔洞或预埋件，并设穿墙短钢管用扫地杆连成一体。

5. 为确保桁架稳定，应沿桁架纵向的两个外侧面均匀设置满布竖向剪刀撑。

6. 在桁架体内部设置临时操作层的，脚手板应满铺，并绑扎固定牢固。

7. 多层悬挑结构模板支撑架的上下立柱应保持在同一条直线上。

8．悬空模板支撑架的构造加强措施应随型钢桁架结构同步搭设，应在格构式斜撑杆搭设完成后再进行桁架梁格构的安装搭设。

9．悬空模板支撑架的施工顺序应遵循高处作业有关规定。

第七章

脚手架工程安全防护与安全管理

在建筑施工中，涉及脚手架工程的安全事故时有发生，不同程度地造成了人员伤亡、财产损失和对施工的影响。在脚手架和其他作业架子的准备、搭设、使用、拆除以及运输、保管的全过程中，必须坚决贯彻“安全第一，预防为主，综合治理”的方针，采取切实可靠的措施，加强安全管理，做到防患于未然，努力防止各种生产安全事故的发生。

第一节　安全防护

一、安全网

安全网是建筑施工安全防护的重要设施之一。安全网的设置应在施工组织设计中有明确规定和要求，技术复杂的应做单项设计。

1. 安全网的类型

安全网按悬挂方式分为垂直设置与水平设置两种。

（1）垂直安全网设置

垂直安全网多用于高层建筑施工的外脚手架，外侧满挂安全网围护，一般采用细尼龙绳编制的安全网。安全网应封严，与外脚手架固定牢靠。

（2）水平安全网设置

水平安全网多用于多层建筑施工的外脚手架，是用直径

9 mm的麻绳、棕绳或尼龙绳编制的，一般规格为宽 3 m、长 6 m，网眼边长 5 cm 左右，每块支好的安全网应能承受不小于 1 600 N的冲击荷载。

从二层楼面起设安全网，往上每隔 3 ~4 层设一道，同时再设一道随施工高度提升的安全网。要求网绳不破损，生根要牢固、绷紧、圈牢，拼接严密，网杠支杆宜用脚手钢管。网宽不小于 3 m，最下一层网宽应为 6 m。

2. 水平安全网支设方法

（1）利用外墙窗口架支设方法

随着建筑技术的发展，目前施工中采用的脚手架材大多为 ϕ8 mm × 3. 5 mm 的钢管，只有在较偏远区还在少量使用木、竹杆件作架材。在多层、高层建筑采用外脚手架时，需要架设安全网，或者在采用里脚手架砌筑外墙时也需要架设安全网。安全网的架设要随着楼层施工的增高而逐步上升，在高层施工中外侧应自下而上满挂密目式安全网。除此外还应在每隔 4 ~6 层的位置设置一道安全平网。目前施工中所采用的安全网大多是 ϕ9 mm的麻绳、棕绳或尼龙绳编织成，规格一般为 6 m × 3 m，网眼规格为 5 cm × 5 cm。当采用里脚手架砌筑外墙的时候，在上一层楼层窗口墙内放置一根横杆，与安全网的内横杆绑扎牢固，安全网外横杆与斜杆上端连接，斜杆下端与一根横杆相接，并与下层窗口墙内横杆绑扎牢固。对于无窗口的山墙，可在墙角内设立立杆来架设安全网或在墙体内预埋“Ω”形钢筋环来支撑斜杆，或者采用穿墙钢管加转卡来支撑斜杆。安全网的斜杆间距一般应不大于 4 m。但这种架设安全网的方法比较麻烦，速度较慢。也有的施工单位采用自制或购置的钢吊杆来架设安全网。相比之下，后者更具有制作简单、运输使用方便、轻巧、施工速度快的优点，它包括自制销片、钢吊杆和斜杆等。如图 7—1 所示，横杆 1 放在上层窗口的墙内与安全网的内横杆绑牢，横杆 2 放在下一层窗口的墙外与安全网的斜杆绑牢，横杆 3 放

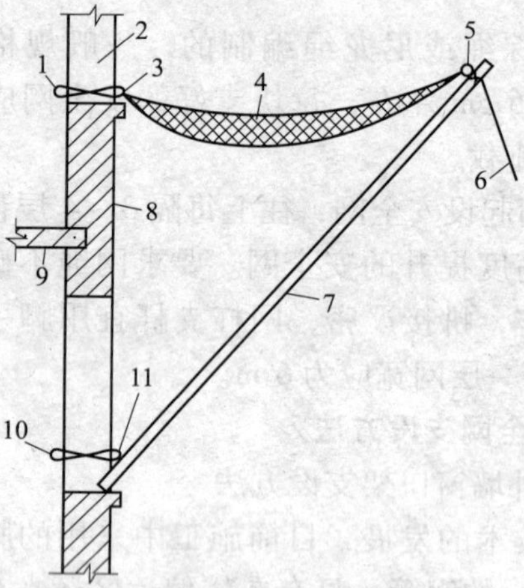

图 7—1　利用窗口架设安全网

1—横杆 1　2—窗口　3—内横杆　4—安全网　5—外横杆　6—拉绳　7—斜杆　8—外墙　9—楼板　10—横杆 3　11—横杆 2

在墙内与横杆 2 绑牢。支设安全网的斜杆间距应不大于 4 m。

（2）利用钢吊杆架设安全网

无窗口的墙可采用钢吊杆架设安全网，在墙面预留洞，穿入销片用销子楔紧，销片上有 ϕ14 mm 孔，以便挂吊杆安全网，如图 7—2 所示。

钢吊杆通常采用 ϕ12 mm 的钢筋制作，长 1 560 mm，在吊杆上端弯一直弯钩，用来挂在预埋入墙体的销片上，在直角弯钩的另一侧平焊一个 ϕ12 mm 挂钩，用来拴住安全网，在挂钩下端焊接一个拉尼龙绳的圆环。下端焊接一个可装设斜杆的活动铰支座和靠墙支座，靠墙支座要能够保证吊杆稳定和受到坠物作用力时不发生旋转。斜杆用两根∟25 mm ×4 mm 的角钢焊成方形，长 2 800 mm，顶端也焊一个 ϕ12 mm 挂钩用来挂住安全网。在斜杆中间焊接一个挂尼龙绳的环，底端用 M12 螺栓与吊杆的底端铰支座连接。装设这种工具式结构时，可通过挂在吊杆和斜杆上尼龙绳的长度来调节斜杆的倾斜度，吊杆沿着建筑物的外墙进行设置，间距一般为 3 ~4 m。

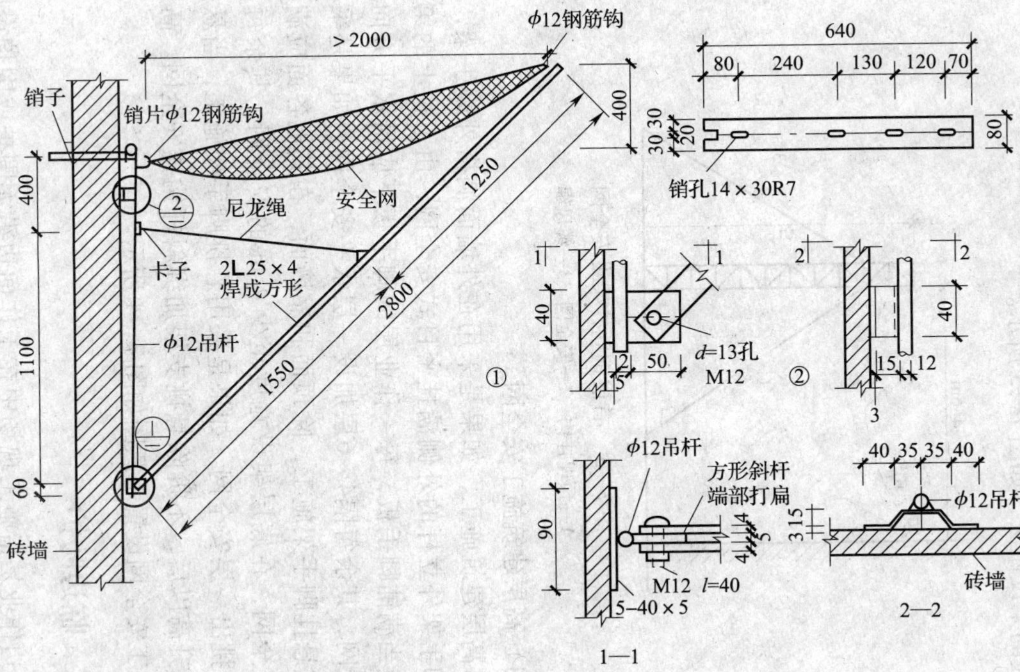

图7—2 钢吊杆架设安全网

（3）首层大跨度安全网

首层大跨度安全网，可用杉篙斜撑搭设，也可采用一边设钢立柱的架设做法，如图 7—3 所示。

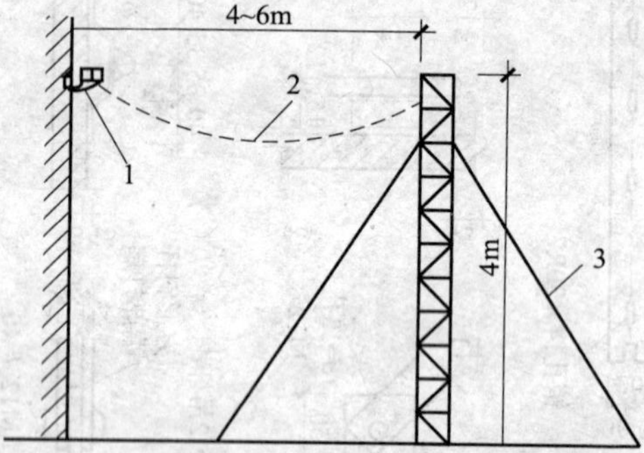

图 7—3　首层钢立柱架设安全网

1—预埋挂钩　2—安全网　3—缆风绳

（4）高层建筑施工安全网

对高层建筑施工，如果是采用在外墙面满搭外脚手架，应当沿脚手架外立杆的外侧满挂密目式安全网，由下往上的第一步架应当满铺脚手板，每一作业层的脚手板下应沿水平方向平挂安全网，其余每隔4 ~6层加设一层水平安全网。如果是采用吊篮或悬挂脚手架施工，除顶面和靠墙面，在其他各面应满挂密目安全网，在底层架设宽度至少 4 m 的安全网，其余每隔4 ~6层挑出一层安全网。如果是采用悬挑脚手架施工，当悬挑脚手架升高以后，不拆除悬挑支架加绑斜杆钩挂安全网。高层建筑施工安全网设置示意图如图 7—4 所示。

二、临边防护

临边作业是指施工现场中在工作面边沿无围护或围护设施高度低于 80 cm 时的高处作业，常用的临边防护设施主要有栏杆和安全网。

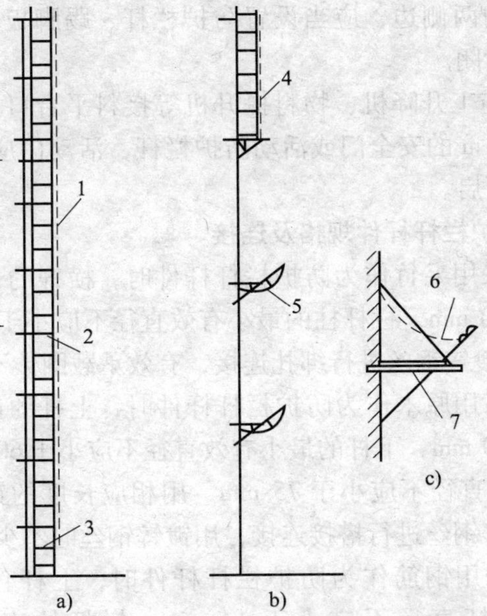

图 7—4　高层建筑施工安全网设置示意图

a）脚手架外表面满挂安全网　b）分段设置安全网　c）挑台处分段设置

1—满挂安全网　2—水平安全网（或脚手架）　3—脚手板

4、5、6—安全网　7—挑台

1. 防护栏杆的防护部位

（1）脚手架作业层、斜道两侧及平台外围均应设置防护栏杆及挡脚板。

（2）处于临边作业的基坑、基槽周边，尚未安装栏杆或栏板的阳台、料台与挑平台周边，雨篷与挑檐边，外侧无脚手架的屋面与楼层周边，屋面水箱或水塔周边等处，应设置防护栏杆，并采用立网封闭。

（3）分层施工的楼梯口和梯段边，应安装临时防护栏杆，外设楼梯口和梯段边还应采用立网封闭；顶层楼梯口应随工程结构进度安装临时或正式防护栏杆。

（4）施工升降机、物料提升机及脚手架等与建筑物间接料平台通道的两侧边，应当设置防护栏杆、踢脚板，并用密目式安全立网封闭。

（5）施工升降机、物料提升机等接料平台口，应设置高度不低于 1.8 m 的安全门或活动防护栏杆，活动门应当向内开启，严禁向外开启。

2. 防护栏杆杆件规格及连接

（1）采用毛竹作为防护栏杆杆件时，横杆的最小有效直径不应小于 70 mm，栏杆柱的最小有效直径不应小于80 mm，用不小于 16 号镀锌钢丝进行绑扎连接，有效承载圈数不少于 3 圈。

（2）采用原木作为防护栏杆杆件时，上杆的最小有效直径不应小于 70 mm，下杆的最小有效直径不应小于 60 mm，栏杆柱的最小有效直径不应小于 75 mm，用相应长度的钢钉或不小于 12 号的镀锌钢丝进行搭接连接，用镀锌钢丝时不少于 3 圈。

（3）采用钢筋作为防护栏杆杆件时，上杆直径不应小于 16 mm，下杆直径不应小于 14 mm，栏杆柱直径不应小于 18 mm，可用焊接方式进行连接。

（4）采用脚手架钢管作为防护栏杆杆件时，横杆及栏杆柱可采用 ϕ48 mm × 3.5 mm 或 ϕ51 mm × 3.0 mm 的管材，以扣件、焊接、定型套等方式进行固定连接。

（5）采用其他钢材作防护栏杆杆件时，应选用强度相当的规格，以螺栓、销轴或焊接等方式进行固定连接。

3. 防护栏杆构造

图 7—5 所示为脚手架作业层防护栏杆构造示意图。

（1）防护栏杆应由上、下两道横杆及栏杆柱组成，上杆离地高度为 1.2 m，下杆离地高度为 0.5 ~ 0.6 m；当需要加设中横杆时，中杆离地高度为 0.7 m，下杆离地高度为 0.2 m。除经设计计算外，横杆长度大于 2 m 时，必须加设栏杆柱。坡度大于 1∶2.2的斜面（屋面），防护栏杆的高度应为 1.5 m，并加挂安全立网。

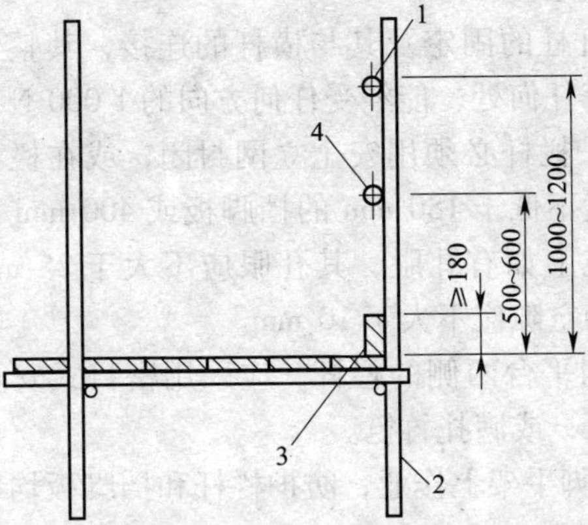

图 7—5　脚手架作业层防护栏杆构造示意图

1—上杆　2—外立杆　3—挡脚板　4—下杆

(2) 当采用密目式安全立网进行全封闭时，需加设密目网的支撑固定杆件，支撑固定杆件应由上、下两道横杆及栏杆柱组成，上杆离地高度为 1.8 m，下杆离地高度不大于 10 mm，密目网不得绑扎在防护栏杆上。

(3) 工具式防护栏的上部栏杆离地高度不小于 1.2 m，下杆离地高度不大于 10 mm，栏面栅栏间距不大于 15 mm，如采用孔眼栏面，其孔眼应不大于 25 mm。

(4) 当在基坑四周固定时，栏杆柱应采用预埋或打入地面方式，深度为 500 ~ 700 mm；栏杆柱离基坑边口的距离，不应小于 500 mm。当基坑周边采用板桩时，钢管可打在板桩外侧。

(5) 当在混凝土楼面、地面、屋面或墙面固定时，栏杆柱可用预埋件与钢管或钢筋焊接牢固。采用竹、木栏杆时，可在预埋件上焊接 300 mm 长的 50 mm × 5 mm 角钢，其上下各钻一孔，然后用 10 mm 螺栓与竹、木杆件连接牢固。

(6) 当在砖或者砌块等砌体上固定时，栏杆柱预先砌入规格相适应的 80 mm × 6 mm 弯转扁钢作预埋件的混凝土块，然后用上项方法固定。

(7) 栏杆柱的固定及其与横杆的连接，其整体构造应使防护栏杆在上杆任何处，能经受任何方向的1 000 N外力。

(8) 防护栏杆必须用安全立网封闭，或在栏杆下边设置严密固定的高度不低于180 mm的挡脚板或400 mm的挡脚笆。挡脚板与挡脚笆上如有孔眼，其孔眼应不大于25 mm。板或笆下边距离底面的空隙应不大于10 mm。

(9) 接料平台两侧的栏杆，应采用密目式安全立网或一般安全立网封闭，或满扎竹笆。

(10) 在脚手架上作业，防护栏杆和挡脚板均应搭设在外立杆的内侧。

(11) 当临边的外侧面临街道时，除防护栏杆外，敞口立面必须采取满挂安全网或其他可靠措施作全封闭处理。

三、洞口防护

洞口作业是指施工现场中在使人有踏入、坠入或物料有坠落可能的楼、地面和墙面的开口处的高处作业，包括水平洞口和竖向洞口等。进行洞口等高处作业时，应采取设置防护栏杆、加盖件、张挂安全网与装栅门等措施进行防护。

1. 楼板、屋面和平台等平面上，短边尺寸小于250 mm、大于25 mm的孔口，应用坚实的盖板进行遮盖，盖板应有固定其位置的措施。

2. 楼板面等处边长为250～500 mm的洞口、安装预制构件时的洞口以及缺件临时形成的洞口，可用竹、木等材料作盖板，盖住洞口。盖板须能保持四周搁置均衡，并有固定其位置的措施。

3. 电梯井口必须设置工具化、定型化的防护栏杆或固定栅门，防护门高度应不小于1.8 m，门离地高度不大于50 mm。

4. 边长为500～1 500 mm的洞口，应设置以钢管及扣件组合而成的钢管网格，网格间距不得大于250 mm。也可采用贯穿于混凝土板内的钢筋构成防护网，网格间距不得大于 200 mm，并在其上满铺竹笆或脚手板，如图 7—6 所示。

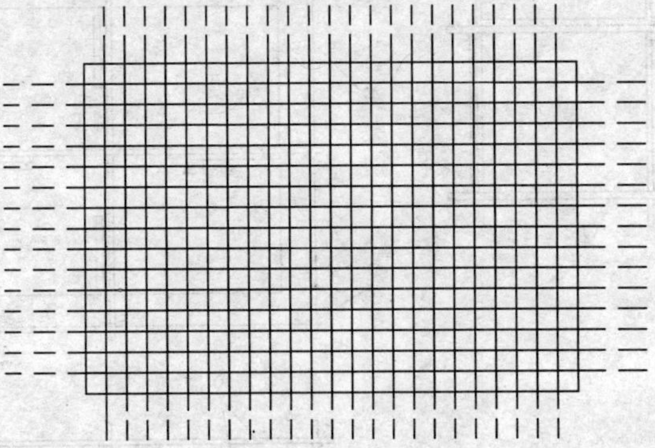

a)

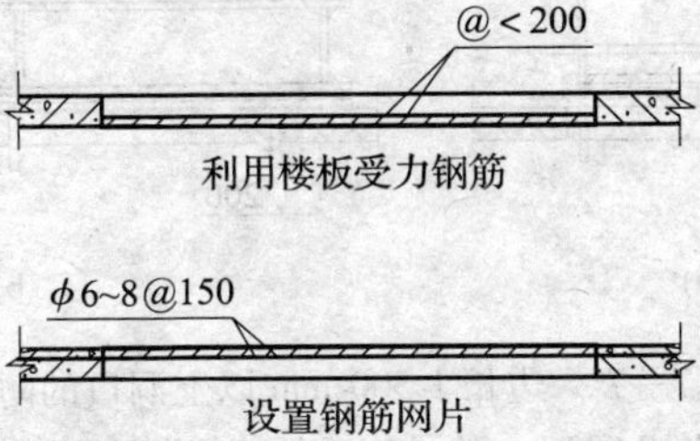

b)

图 7—6　边长 500 ~ 1 500 mm 的洞口用钢筋构成防护网

a）平面图　b）剖面图

5. 边长在 1 500 mm 以上的洞口，四周必须设防护栏杆并用密目网封挡，洞口应用平网或竹笆、脚手板封闭，如图 7—7 所示。

6. 垃圾井道、烟道和管道井等，在砌筑或安装前应参照预留洞口作防护。

7. 边长不大于 500 mm 洞口所加盖板，应能承受 1 kN/m^2 的荷载，位于车辆行驶道旁的洞口、深沟与管道坑、槽，所加盖板应能承受不小于卡车后轮有效承载力 2 倍的荷载。

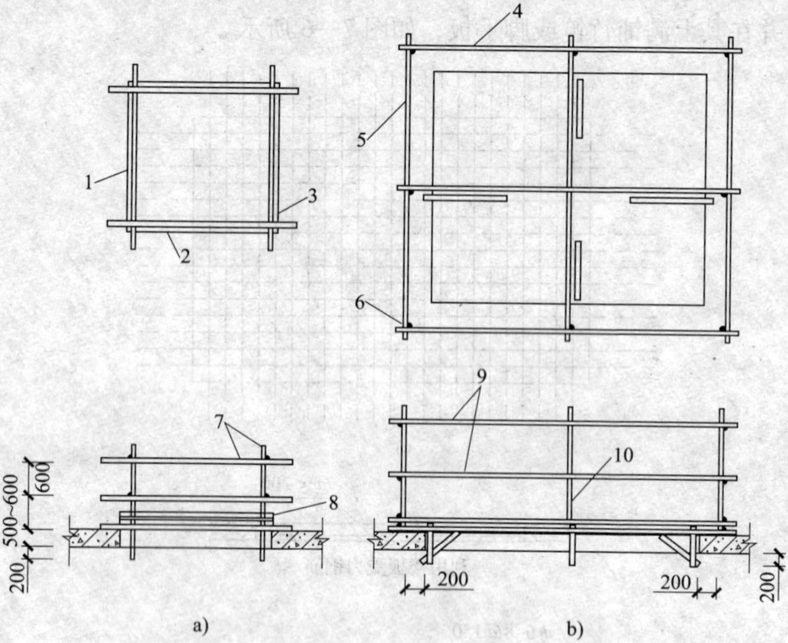

图 7—7　边长 1 500 mm 以上洞口的防护

a）边长为 1 500 ~ 2 000 mm 的洞口　b）边长为 2 000 ~ 4 000 mm 的洞口

1—张挂安全网　2、5—横杆　3、6、10—栏杆柱

4—下设挡脚板　7—防护栏杆　8—挡脚板　9—上杆

8．墙面等处的竖向洞口，凡落地的洞口应加装开关式、工具式或固定式的防护门，门扇网格的横向间距应不大于150 mm，也可采用防护栏杆，下设挡脚板（笆）。

9．下边沿至楼板或地面低于 800 mm 的窗台等竖向洞口，如侧边落差大于 2 m 时，应加设 1. 2 m 高的临时护栏。

10．板与墙的洞口，必须设置牢固的盖板、防护栏杆、安全网或其他防坠落的防护设施。

11．各种桩孔上口，杯形、条形基础（深度超过 2 m）的上口，未填土的坑、槽，以及人孔、天窗、地板门等处，均应按洞口防护设置稳固的盖件或防护栏杆。

12. 施工现场通道附近的各类洞口与坑、槽等处，除设置防护设施与安全标志外，夜间均应设置警示灯。

四、防电与避雷

1. 一般规定

(1) 在高、低压线路下方均不得搭设脚手架。脚手架的外侧边缘与外电架空线路的边线之间必须保持安全操作距离。最小安全操作距离应不小于表 7—1 所列数值。当条件限制达不到表中规定的最小距离时，必须采取防护措施，增设屏障、防护架并悬挂醒目警告标志牌，如果上述防护措施也无法实现，则必须与有关部门协商采取迁移外电线路，甚至改变工程位置。

表 7—1　脚手架的外侧边缘与外电架空线路的边线之间的最小安全操作距离

外电线路电压（kV）	1 以下	1 ~ 10	35 ~ 110	154 ~ 220	330 ~ 500
最小安全操作距离（m）	4	6	8	10	15

注：上、下脚手架和斜道严禁搭设在有外电线路的一侧。

(2) 脚手架若有在相邻建筑物、构筑物防雷保护范围之外，则应安装防雷装置，防雷装置的冲击接电电阻值不得大于 30 Ω。

(3) 避雷针可用直径 25 ~ 32 mm、壁厚不小于 3 mm 的镀锌钢管或直径不小于 12 mm 的镀锌钢筋制作，设在房屋四角脚手架的立杆上，高度不小于 1 m，并将所有最上层的大横杆全部接通，形成避雷网络。

(4) 接地极可利用在施工过程中的垂直接地极，也可用直径不小于 20 mm 的圆钢。水平接地极可用厚度不小于4 mm、宽 25 ~ 40 mm 的角钢制作。接地极的设置，可按脚手架的长度不超过 50 m 设置一个，接地极埋入地下的最高点，应在地面下深度不浅于 500 mm。埋设接地极时，应将新填土夯实。接地极不得设置在蒸汽管道或烟囱风道附近经常受热的土层内；位于地下水以上的砖石、焦渣或沙子内，均不得埋设接地极。

（5）接地线可采用直径不小于 8 mm 的圆钢或厚度不小于 4 mm的扁钢。接地线的连接应保证接触可靠。在脚手架的下部连接时，应用两道螺栓卡箍，并加设弹簧垫圈，以防松动，保证接触面积不小于 10 cm^2。连接时将接触表面的油漆及氧化层清除，使其露金属光泽，并涂以中性凡士林。接地线与接地极的连接应采用焊接，焊缝长度应大于接地线直径的 6 倍或扁钢宽度的 2 倍。

（6）接地装置完成后，要用电阻表测定电阻是否符合要求。接地极的位置，应选择人们不易走到的地方，以避免和减少跨步电压的危害和防止接地线遭机械损伤。同时应注意与其他金属物或电缆之间保持一定距离（一般不小于 3 m），以免发生击穿危害。在有强烈腐蚀性的土中，应使用镀铜或镀锌的接地极。

（7）在施工期间遇有雷雨时，钢脚手架上的操作人员应立即离开。

2. 脚手架的避雷

对于高层施工用的或在旷野、山坡上施工用的负荷脚手架（包括钢龙门架、钢井架、钢提升架等），在雷雨季节或雷击区域中时，应做好避雷措施。

对需做避雷装置的脚手架，主要是正确选用制作接闪器（避雷针）和接地装置。接闪器一般选用 ϕ25 ~ 32 mm、壁厚不小于 3 mm 的镀锌钢管或直径不小于 14 mm 的镀锌钢筋制作，按安全技术的要求，其长度至少应在 1 ~ 2 m 范围。制作好的接闪器，安装在建筑物各角上的脚手架立杆上，并将最上层的所有横杆全部连通形成避雷网络。如果是在龙门架等垂直运输设备架上安装接闪器，则需将一侧的中间立杆接高超出顶端 2 m 以上再安装，同时要将卷扬机外壳做接地处理。若在最高架上安装了接闪器且最后退场，可按60°计算其保护范围，在其保护范围内的其他脚手架和设备可不设避雷装置。

接地装置包括接地极、接地线和其他连接件。接地装置在安设之前应根据土壤的湿度和导电性及接地电阻限值进行设计；接地位置应设在通常人不能去到的地方，以避免跨步电压的危害和接地线受到机械的损伤。接地极应尽可能采用钢材，垂直接地极宜采用角钢、圆钢或钢管，但不宜采用螺纹钢材。采用角钢时，应不小于∟50 mm×5 mm，圆钢直径不小于20 mm，钢管为ϕ25～50 mm，壁厚不小于2.5 mm。垂直接地极长度为1.5～2.5 m。水平接地极长度不低于3 m，可采用（25 mm×4 mm）～（40 mm×4 mm）的扁钢或ϕ8 mm以上圆钢制作。

一般每设置一个接地极，脚手架的连续长度应不超过50 m，但如果离接地极最远处的脚手架上的电阻达到或大于10 Ω，应当缩小接地极间距。接地电阻一般不超过20 Ω，在土壤电阻率大于1 000 Ω·m的地区，可提高到30 Ω；如超出这一限值，垂直接地极应增加个数，间距不小于3 m，水平接地极应增加长度。接地极埋入地下最高点的埋深应不低于0.5 m，并且不能在干燥的土层中设置。埋设好接地极后，应将新填土夯实。

接地线在保障可靠的前提下，应当尽可能选用ϕ8 mm的圆钢或4 mm厚以上的扁钢，但不得采用铝导体或地下接地线。接地线与接地极连接应当保证接触可靠，最好采用焊接。焊接的长度至少为接地线直径的6倍以上或扁钢宽度的2倍以上。

3. 脚手架的防电

脚手架顶面与外电架空线路的边线之间必须保持的最小安全操作距离参见表7—2。

表7—2　脚手架顶面与外电架空线路交叉时最小安全操作距离

外电线路电压（kV）	≤1	1～10	35
最小垂直距离（m）	6	7	7

脚手架如果必须穿过 380 V 以下的电力线路而距离又在 2 m 以内时，在搭设和使用期间应当切断或拆除电源，如果不能拆除，必须采取可靠的绝缘措施。进行绝缘包扎应由专业电工操作，并用瓷瓶固定和设置隔离层。如果电力线路垂直穿过或靠近脚手架，应将靠近线路至少 2 m 内的脚手架水平连接，线路下方的脚手架垂直连接进行接地。如果线路和脚手架平行靠近时，靠近线路的脚手架水平连接，并在靠墙一侧每相距 25 m 设置一接地极，入土深度 2～2. 5 m。

在脚手架上施工时，操作者应穿绝缘靴，戴绝缘手套。通过脚手架的电力线路要严格检查并采取保护措施。在架上使用的电焊机、振动器等，要放在干燥的木板上，外壳要采取保护性接地或者接零措施。夜间施工等操作的照明线通过脚手架时，应尽可能使用低于 120 V 的低压电源。

五、脚手架的安全技术要求

确保脚手架在搭设、使用和拆除过程中安全的技术要求包括：

1. 构架结构

在满足使用要求的构架尺寸的同时，应确保以下安全要求。

（1）构架结构稳定

1）构架单元不缺基本的稳定构造杆部件。

2）整架按规定设置斜杆、剪刀撑、连墙杆或撑拉件。

3）在通道、洞口以及其他需要加大结构尺寸（高度、跨度）或承受超规定荷载部位，根据需要设置加强杆件或构造。

（2）连接节点可靠

1）杆件相交位置符合节点构造规定。

2）连接件的安装和紧固力符合要求。

2. 基础（地）和拉撑承受结构

（1）脚手架立杆的基础（地）应平整夯实，具有足够的承载力和稳定性。设于坑边或台上时，立杆距坑、台的边缘不得小于1 m，且边坡的坡度不得大于土的自然安息角，否则，应做边坡的保护和加固处理。脚手架立杆之下必须设置垫座和垫板。

（2）脚手架的连墙点、撑拉点和悬挂（吊）点必须设置在能可靠地承受撑拉荷载的结构部位，必要时应进行结构计算。

3. 安全防护

脚手架上的安全防护设施应能有效地提供安全防护，防止架上的人员和物品发生坠落。

（1）搭设和拆除作业中的安全防护

1）作业现场应设安全防护和警示标志，禁止无关人员进入危险区域。

2）对尚未形成或已失去稳定结构的脚手架部位加设临时支撑或拉结。

3）在无可靠的安全带扣挂物时，应拉设安全绳。

4）设置提上或吊下材料的设施，禁止投掷。

（2）作业面的安全防护

1）除高度在2 m以内的装修脚手架允许使用两块脚手板外，其他脚手架作业面均不得少于3块脚手板，脚手板之间不留空隙，脚手板与墙面之间的空隙一般不要大于200 mm。

脚手板在长度方向采用平接时，其相接端头必须顶紧，其端部下的小横杆应固定牢固，不得浮搁，以免产生滑动，小横杆中心到板端的距离应控制在150～200 mm范围内。处于脚手架始、末端的脚手板应与脚手架可靠拴结；采用搭接时，搭接长度不得小于300 mm，其下的小横杆应距搭接长度的中间或距下板端头不小于150 mm，其始末端也必须拴结牢固。

2）作业面的外侧立面的防护设施可采用：

① 挡脚板加2道防护栏杆。

② 3道栏杆加外围塑料编织布（高度不低于1.0 m或按步距设置）。

③ 2 道栏杆绑挂高度不小于 1 m 的竹笆。

④ 2 道栏杆满挂立安全网。

⑤ 其他可靠的围护办法。

（3）邻街防护

可视具体情况采用：

1）采用塑料编织布、竹笆、席子或篷布将脚手架的邻街面完全封闭。

2）在邻街面满挂安全网，下设安全通道。通道的顶盖应满铺脚手板或其他能可靠承接落物的板篷材料。篷顶邻街的一侧应设高于篷顶不小于 0. 8 m 的挡墙，以免落物又反弹到街上。

（4）人行和运输通道的防护

1）贴近或穿过脚手架的人行和运输通道必须设置板篷。

2）上下脚手架的有高度差的入口应设坡道或踏步，并设栏杆防护。

（5）吊、挂脚手架的防护

吊、挂脚手架在移动至作业位置后，应采取撑、拉办法将其固定或减小晃动。

4. 架子工安全操作规则

（1）搭设或拆除脚手架必须根据专项施工方案，操作人员必须经专业训练，考核合格后发给操作证，持证上岗操作。

（2）钢管有严重锈蚀、弯曲、压扁或裂纹的不得使用，扣件有脆裂、变形、滑丝的禁止使用。

（3）竹脚手架的立杆、顶撑、大横杆、剪刀撑、支杆等有效部分的小头直径不得小于 7. 5 cm，小横杆直径不得小于 9 cm。达不到要求的，立杆间距应缩小。青嫩、裂纹、白麻、虫蛀的竹竿不得使用。

（4）木脚手板应用厚度不小于 5 cm 的杉木或松木板，宽度以 20 ~ 30 cm 为宜，凡是腐朽、扭曲、斜纹、破裂和大横透节的不得使用。板的两端 8 cm 处应用镀锌铁丝箍绕 2 ~ 3 圈或用铁皮钉牢。

（5）竹片脚手板的板厚不得小于 5 cm，螺栓孔不得大于 1 cm。螺栓必须拧紧。竹编脚手板必须牢固密实，四周必须用16#铁丝绑扎。

（6）脚手架的绑扎材料应采用 8#镀锌铁丝或塑料篾，其抗拉强度应达到规范要求。

（7）钢管脚手架的立杆应垂直稳放在金属底座或垫木上，立杆间距不得大于 15 m，架子宽度不得大于 12 m，大横杆应设四根，步高不大于 1. 8 m。钢管的立杆、大横杆接头应错开，用扣件连接，拧紧螺栓，不准用铁丝绑扎。

（8）竹脚手架必须采用双排脚手架，严禁搭设单排架。立杆间距不得大于 1. 2 m。

（9）竹立杆的搭接长度和大横杆的搭接长度不得小于 1. 5 m。绑扎时小头应压在大头上，绑扎不得少于三道。立杆、大横杆、小横杆相交时，应先绑两根，再绑第三根，不得一扣绑三根。

（10）脚手架两端、转角处以及每隔 6 ~ 7 根立杆应设剪刀撑，与地面的夹角不得大于 60°，架子高度在 7 m 以上，每两步四跨，脚手架必须同建筑物设连墙点，拉点应固定在立杆上，做到有拉有顶，拉顶同步。

（11）主体施工时在施工层面及上下层三层满铺脚手板，装修时外架脚手板必须从上而下满铺，且铺搭面间隙不得大于 20 cm，不得有空隙和探头板。脚手板搭接应严密，架子在拐弯处应交叉搭接。脚手板垫平时应用木块，且要钉牢，不得用砖垫。

（12）翻脚手板必须两个人由里向外按顺序进行，在铺第一块或翻到最外一块脚手板时，必须挂好安全带。

（13）斜道的铺设宽度不得小于 1. 2 m，坡度不得大于 1∶3，防滑条间距不得大于 30 cm。

（14）脚手架的外侧、斜道和平台，必须绑 1～1.2 m 高的护身栏杆和钉 20～30 cm 高的挡脚板，并满挂安全防护立网。

（15）砌筑用的里脚手架铺设宽度不得小于 1.2 m，高度应保持低于外墙 20 cm，支架间距不得大于 1.5 m，支架底脚应有垫木块，并支在能承重的结构上。搭设双层架时，上下支架必须对齐，支架间应绑斜撑拉固，不准随意搭设。

（16）拆除脚手架必须正确使用安全带。拆除脚手架时，必须有专人看管，周围应设围栏或警戒标志，非工作人员不得入内。拆除连墙点前应先进行检查，采取加固措施后，按顺序由上而下，一步一清，不准上下同时交叉作业。

（17）拆除脚手架大横杆、剪刀撑，应先拆中间扣，再拆两头扣，由中间操作人员往下顺杆子。

（18）拆下的脚手杆、脚手板、钢管、扣件、钢丝绳等材料，严禁往下抛掷。

第二节　安全管理

一、持证上岗制度

建筑架子工属于特种作业人员，国家实行持证上岗制度。相关规定要求，从事该工种的作业人员，应年满 18 周岁，具有初中以上文化程度，接受专门安全操作知识培训，经建设主管部门考核合格，取得《建筑施工特种作业操作资格证书》后，方可在建筑施工现场从事脚手架、模板支架、外电防护架、卸料平台、洞口临边防护等登高架设、维护、拆除作业。建筑架子工应当遵守如下规定：

1．每年须进行一次身体检查，没有色盲、听觉障碍、心脏病、美尼尔综合征、癫痫、突发性昏厥、断指等妨碍作业的疾病和缺陷。

2. 首次取得证书的人员实习操作不得少于三个月。否则，不得独立上岗作业。

3. 每年应当参加不少于24小时的安全生产教育。

二、安全专项施工方案

在搭设脚手架之前，施工单位应当编制科学合理、有针对性的专项施工方案，作为现场施工的基本依据，指导实地搭设。对超过一定规模，达到一定危险程度的脚手架工程，施工单位应当按照有关规定要求，组织专家对专项施工方案进行评审。

1. 编制项目

（1）需要编制专项施工方案的脚手架工程

1）搭设高度24 m及以上的落地式钢管脚手架工程。

2）附着式整体和分片提升脚手架工程。

3）悬挑式脚手架工程。

4）吊篮脚手架工程。

5）自制卸料平台、移动操作平台工程。

6）新型及异型脚手架工程。

其中需要进行专家评审的脚手架工程包括：

1）搭设高度50 m及以上落地式钢管脚手架工程。

2）提升高度150 m及以上附着式整体和分片提升脚手架工程。

3）架体高度20 m及以上悬挑式脚手架工程。

（2）需要编制专项施工方案的模板工程

1）各类工具式模板工程。包括大模板、滑模、爬模、飞模等工程。

2）混凝土模板支撑工程。搭设高度5 m及以上；搭设跨度10 m及以上；施工总荷载10 kN/m^2及以上；集中线荷载

15 kN/m及以上；高度大于支撑水平投影宽度且相对独立无联系构件的混凝土模板支撑工程。

3）承重支撑体系。用于钢结构安装等满堂支撑体系。

其中需要进行专家评审的模板工程包括：

1）工具式模板工程。包括滑模、爬模、飞模工程。

2）混凝土模板支撑工程。搭设高度8 m及以上；搭设跨度18 m及以上，施工总荷载15 kN/m^2及以上；集中线荷载20 kN/m及以上。

3）承重支撑体系。用于钢结构安装等满堂支撑体系，承受单点集中荷载700 kg以上。

2. 方案内容

（1）工程概况

工程概况应简洁明了，把与本方案有关的内容说清楚，并应根据工程概况，说明本方案的总体思路和脚手架选型，必要时还应进行选型比较，在保证安全的前提下，尽量选用经济合理的脚手架类型。

（2）编制依据

使用或参考的编制依据与国家通用标准不一致时，应重点说明，不得低于国家现行的标准。

（3）施工组织

施工组织在保证安全的基础上，应能够满足施工进度要求，并明确组织机构和相关责任人职责。

（4）脚手架设计

脚手架设计应有针对性，施工荷载和结构尺寸、杆件相对位置、杆件连接等必须说明清楚。当出入通道设在门洞口处时，应详细说明通道搭设做法。

（5）设计计算

只有敞开式脚手架（未用密目网封闭），且基本风压不大于0.35 kN/m^2时，50 m以下的单双排落地式脚手架构造符合规范要求，才可以不进行部分杆件的验算。

(6) 脚手架搭设质量要求和管理

明确安全防护做法、质量要求及各环节的验收要求等，验收标准可直接引用规范，也可将规范所列验收内容进行逐项说明。

(7) 安全技术措施

应重点针对搭拆、使用阶段，明确安全文明施工各项技术措施和安全注意事项。

(8) 专项应急救援预案

对脚手架工程的搭拆、使用和日常维护等情况进行危险源辨识，确定日常监控重点和可能发生的事故类型，确定现场应急处置预案。

(9) 施工详图、大样图

对脚手架整体结构绘制施工详图，对各重要节点绘制大样图。

(10) 卸料平台设计

卸料平台分为落地式和悬挑钢平台两种，落地式卸料平台参照落地式脚手架设计计算验算各杆件稳定性和地基承载力是否符合要求。悬挑钢平台应按照设计荷载限额，重点进行主次梁、铺板、吊环与钢平台和主体结构连接方式以及后部锚固钢筋设计，并验算其强度或稳定性。一般情况下，卸料平台多与脚手架一起进行设计，并不得与脚手架连接。

3. 方案审批程序

专项方案应当由施工单位技术部门组织本单位施工技术、安全、质量等部门的专业技术人员进行审核。经审核合格的，由施工单位技术负责人签字。实行施工总承包的，专项施工方案应当由总承包单位技术负责人及相关专业承包单位技术负责人签字。

不需专家评审的专项施工方案，经施工单位审核合格后报监理单位，由项目总监理工程师审核签字。

需专家评审的专项施工方案，施工单位应当组织召开专家评审会议。实行施工总承包的，由施工总承包单位组织召开专家评审会。施工单位应当根据评审报告修改完善专项方案，并经施工单位技术负责人、项目总监理工程师、建设单位项目负责人签字后，方可实施。实行施工总承包的，应当由施工总承包单位、相关专业承包单位技术负责人签字。

4. 安全技术交底

安全技术交底就是指将预防和控制安全事故发生及减少其危害的技术以及工程项目，分部、分项工程概况，向作业人员作出说明，即工程项目在进行分部、分项工程作业前和每天作业前，工程项目的技术人员和各施工班组长将工程项目和分部分项工程概况、施工方法、安全技术措施及要求等，向全体施工作业人员进行说明。安全技术交底制度是施工单位有效预防违章指挥、违章作业、杜绝伤亡事故发生的一种有效措施。

脚手架、模板工程施工前，施工单位项目技术负责人或方案编写人员应当将工程项目、分部分项工程概况以及安全技术措施要求向架子工班组、作业人员以及现场管理人员进行安全技术交底，安全技术交底应当以书面形式进行，并由双方签字确认。

（1）安全技术交底的主要内容

1）工程项目和分部分项工程的概况。

2）搭设、构造要求，检查验收标准。

3）针对危险部位采取的具体预防措施。

4）作业中应注意的安全事项。

5）作业人员应遵守的安全操作规程。

6）发现安全隐患应采取的措施。

7）发生事故后应采取的应急救援措施。

（2）安全技术交底的基本要求

1）实行逐级交底制度，承包单位向分包单位、分包单位向工程项目的技术人员、班组长，班组长向作业人员分别交底。

2）交底必须具体，针对性强。

3）技术交底的内容应针对分部分项工程施工作业人员的潜在危险因素和存在的问题。

4）应优先采用新的安全技术措施。

5）每天作业前，各施工班组长应当针对当天的工作任务、作业条件和环境，就作业要求和施工中应注意的安全事项向作业人员交底，并将参加交底的人员名单和交底内容记录于班组活动记录中。

6）各工种的安全技术交底一般与分部分项工程安全技术交底同时进行。对施工工艺复杂、难度较大或作业条件危险的，应当进行各工种的安全技术交底。

7）双方应在书面安全技术交底文件上签字确认，主要是防止走过场，并有利于各自责任的确定。

（3）安全技术交底的具体措施

1）施工企业必须制定安全技术的有关规定。安全技术交底是安全技术措施实施的重要环节。施工企业必须制定安全技术分级交底职责管理要求、职责权限和工作程序以及分解落实、监督检查的规定。

2）安全技术交底必须得到有效落实。专项施工项目及企业内部规定的重点施工工程开工前，企业的技术负责人及安全管理机构，应向参加施工的施工管理人员进行安全技术方案交底。

总承包单位向分包单位、分包单位工程项目的安全技术人员向作业班组进行安全技术措施交底；安全员及各条线管理员应对新进场的工人实施作业人员工种交底；作业班组应对作业人员进行班前交底。交底应细致全面、讲求实效，不能流于形式。

3）安全技术交底必须手续齐全。所有安全技术交底除口头交底外，还必须有书面交底记录，交底双方应履行签名手续，交底双方各有一套书面交底记录文件。书面交底记录应在技术、施工、安全三方备案。

5. 方案的实施

（1）脚手架和面板支架的搭设拆除，应当严格按照专项方案组织施工，不得擅自修改、调整专项施工方案。如遇到确实需要修改的情况时，修改后的专项方案应当重新审核、评审。

（2）施工单位应当指定专人对专项方案的实施情况进行现场监督和按规定进行监测。发现不按照专项方案施工的，应当要求其立即整改；发现有危及人身安全紧急情况的，应当立即组织作业人员撤离危险区域。施工单位技术负责人应当定期巡查专项方案实施情况。

（3）施工单位、监理单位应当组织有关人员对脚手架和模板工程进行验收。验收合格的，经施工单位项目技术负责人及项目总监理工程师签字后，方可进入下一道工序。

（4）监理单位应当将脚手架和模板工程列入监理规划，编制监理实施细则，针对工程特点、周边环境和施工工艺等，制定安全监理工作流程、方法和措施。

（5）监理单位应当对脚手架和模板工程专项方案实施情况进行现场监理；对不按照专项方案实施的，应当责令整改，施工单位拒不整改的，应当及时向建设单位报告；建设单位接到监理单位报告后，应当立即责令施工单位停工整改；施工单位仍不停工整改的，建设单位应当及时向安全生产监督管理部门报告。

三、脚手架安全检查

中华人民共和国行业标准《建筑施工安全检查标准》（JGJ 59—1999）对各类脚手架工程施工安全检查提供了依据，见表 7—3 ~ 表 7—6。

表 7—3　　落地式外脚手架检查评分表

序号	检查项目		扣分标准	应得分数	扣减分数	实得分数
1	保证项目	施工方案	脚手架无施工方案，扣 10 分 脚手架高度超过规范规定无设计计算书或未经审批，扣 10 分 施工方案不能指导施工，扣 5 ~ 8 分	10		
2		立杆基础	每 10 延长米立杆基础不平、不实、不符合方案设计要求，扣 2 分 每 10 延长米立杆缺少底座、垫木，扣 5 分 每 10 延长米无扫地杆，扣 5 分 每 10 延长米木脚手架立杆不埋地或无扫地杆，扣 5 分 每 10 延长米无排水措施，扣 3 分	10		
3		架体与建筑结构拉结	脚手架高度在 7 m 以上，架体与建筑结构拉结，按规定要求每少一处，扣 2 分 拉结不牢固，每一处扣 1 分	10		
4		杆体间距与剪刀撑	每 10 延长米立杆、大横杆、小横杆间距超过规定要求，每一处扣 2 分 不按规定设置剪刀撑，每一处扣 5 分 剪刀撑未沿脚手架高度连续设置或角度不符合要求，扣 5 分	10		
5		脚手板与防护栏杆	脚手板不满铺，扣 7 ~ 10 分 脚手板材质不符合要求，扣 7 ~ 10 分 每有一处探头板，扣 2 分 脚手架外侧未设置密目式安全网的，或网间不严密的，扣 7 ~ 10 分 施工层不设 1.2 m 高防护栏杆和挡脚板，扣 5 分	10		

续表

序号	检查项目		扣分标准	应得分数	扣减分数	实得分数
6	保证项目	交底与验收	脚手架搭设前无交底，扣5分 脚手架搭设完毕未办理验收手续，扣10分 无量化的验收内容，扣5分	10		
	小计			60		
7	一般项目	小横杆设置	不按立杆与大横杆交点处设置小横杆的，每有一处扣2分 小横杆只固定一端的，每有一处扣1分 单排架子小横杆插入墙内小于24 cm的，每有一处扣2分	10		
8	一般项目	杆件搭接	木立杆、大横杆每一处搭接小于1.5 m，扣1分 钢管立杆采用搭接的，每一处扣2分	5		
9	一般项目	架体内封闭	施工层以下每隔10 m未用平网或其他措施封闭，扣5分 施工层脚手架内立杆与建筑物之间未进行封闭，扣5分	5		
10	一般项目	脚手架材质	木杆直径、材质不符合要求，扣4~5分 钢管弯曲、锈蚀严重，扣4~5分	5		
11	一般项目	通道	架体不设上下通道，扣5分 通道设置不符合要求，扣1~3分	5		
12	一般项目	卸料平台	卸料平台未经设计计算，扣10分 卸料平台搭设不符合设计要求，扣10分 卸料平台支撑系统与脚手架连接，扣8分 卸料平台无限定载荷标牌，扣3分	10		
	小计			40		
	检查项目合计			100		

表 7—4　　悬挑式外脚手架检查评分表

序号	检查项目		扣分标准	应得分数	扣减分数	实得分数
1	保证项目	施工安案	脚手架无施工方案、设计计算书或未经上级审批，扣 10 分 施工方案中搭设方法不具体，扣 6 分	10		
2		悬挑梁及架体稳定	外挑杆件与建筑结构连接不牢固，每有一处扣 5 分 悬挑梁安装不符合设计要求，每有一处扣 5 分 立杆底部固定不牢，每有一处扣 3 分 架体未按规定与建筑结构拉结，每有一处扣 5 分	20		
3		脚手板	脚手板铺设不严、不牢，扣 7～10 分 脚手板材质不符合要求，扣 7～10 分 每有一处探头板，扣 2 分	10		
4		荷载	脚手架荷载超过规定，扣 10 分 施工荷载堆放不均匀，每有一处扣 5 分	10		
5		交底与验收	脚手架搭设不符合方案要求，扣 7～10 分 每段脚手架搭设后无验收资料，扣 5 分 无交底记录，扣 5 分	10		
	小计			60		
6	一般项目	杆件间距	每 10 延长米立杆间距超过规定，扣 5 分 大横杆间距超过规定，扣 5 分	10		
7		架体防护	施工层外侧未设置 1.2 m 高防护栏杆和未设 18 cm 高的挡脚板，扣 5 分 脚手架处侧不挂密目式安全网或网间不严密，扣 7～10 分	10		

续表

序号	检查项目		扣分标准	应得分数	扣减分数	实得分数
8	一般项目	层间防护	作业层下无平网或其他措施防护，扣10分 防护不严密，扣5分	10		
9		脚手架材质	杆件直径、型钢规格及材质不符合要求，扣7~10分	10		
	小计			40		
	检查项目合计			100		

表7—5　　门式外脚手架检查评分表

序号	检查项目		扣分标准	应得分数	扣减分数	实得分数
1	保证项目	施工方案	脚手架无施工方案，扣10分 施工方案不符合规范要求，扣5分 脚手架高度超过规范规定、无设计计算书或未经上级审批，扣10分	10		
2		架体基础	脚手架基础不平、不实、无垫木，扣10分 脚手架底部不加扫地杆，扣5分	10		
3		架体稳定	不按规定间距与墙体拉结，每有一处扣5分 拉结不牢固，每有一处扣5分 不按规定设置剪刀撑，扣5分 不按规定高度作整体加固，扣5分 门架立杆垂直偏差超过规定，扣5分	10		
4		杆件、锁件	未按说明书规定组装，有漏装杆件和锁件，扣6分 脚手架组装不牢，每一处紧固不符合要求，扣1分	10		

续表

序号	检查项目		扣分标准	应得分数	扣减分数	实得分数
5	保证项目	脚手板	脚手板不满铺，离墙大于10 cm以上，扣5分 脚手板不牢、不稳、材质不合要求，扣5分	10		
6	保证项目	交底与验收	脚手架搭设无交底，扣6分 未办理分段验收手续，扣4分 无交底记录，扣5分	10		
小计				60		
7	一般项目	架体防护	脚手架处侧未设置1.2 m高防护栏杆和18 cm高的挡脚板，扣5分 架体外侧未挂密目式安全网或网间不严密，扣7~10分	10		
8	一般项目	材质	杆件变形严重，扣10分 局部开焊，扣10分 杆件锈蚀未刷防锈漆，扣5分	10		
9	一般项目	载荷	施工载荷超过规定，扣10分 脚手架载荷堆放不均匀，每有一处扣5分	10		
10	一般项目	通道	不设置上下专用通道，扣10分 通道设置不符合要求，扣5分	10		
小计				40		
检查项目合计				100		

表7—6　　挂脚手架检查评分表

序号	检查项目		扣分标准	应得分数	扣减分数	实得分数
1	保证项目	施工方案	脚手架无施工方案、设计计算书，扣10分 施工方案未经审批，扣10分 施工方案措施不具体、指导性差，扣5分	10		

续表

序号	检查项目		扣分标准	应得分数	扣减分数	实得分数
2	保证项目	制作组装	架体制作与组装不符合设计要求，扣17～20分 悬挂点无设计或设计不合理，扣20分 悬挂点部件制作及埋设不合设计要求，扣15分 悬挂点间距超过2 m，每有一处扣20分	20		
3		材质	材质不符合设计要求、杆件严重变形、局部开焊，扣12分 杆件、部件锈蚀未刷防锈漆，扣4～6分	10		
4		脚手板	脚手板铺设不满、不牢，扣8分 脚手板材质不符合要求，扣6分 每有一处探头板，扣8分	10		
5		交底与验收	脚手架进场无验收手续，扣10分 第一次使用前未经载荷试验，扣8分 每次使用前未经检查验收或资料不全，扣6分 无交底记录，扣5分	10		
	小计			60		
6	一般项目	荷载	施工荷载超过1 kN，扣5分 每跨（不大于2 m）超过2人作业，扣10分	15		
7		架体防护	施工层外侧未设置1.2 m高防护栏杆和未做18 cm高的挡脚板，扣5分 脚手架外侧未用密目式安全网封闭或封闭不严，扣12～15分 脚手架底部封闭不严密，扣10分	15		

续表

序号	检查项目		扣分标准	应得分数	扣减分数	实得分数
8	一般项目	安装人员	安装脚手架人员未经专业培训，扣10分 安装人员未系安全带，扣10分	10		
小计				40		
检查项目合计				100		

第三节　常见事故原因及预防措施

建筑脚手架，尤其是高大模板支撑架，结构和使用环境复杂，安装技术要求高，承受的荷载较大，在搭设、使用和拆除等施工过程中，极容易发生生产安全事故，造成不同程度的人员伤亡和财产损失，甚至群死群伤等重大事故。因此，及时地分析和总结造成事故的原因，提出相对应的事故预防对策，对于减少和防止同类事故的发生具有重要意义。

在脚手架工程中，导致事故发生的原因是多方面的，常见的事故原因以及预防对策包括：

一、脚手架搭设方案

1. 事故原因

（1）内容上不完整。审批手续不全或没有，缺少编制人、审核人、审批人签字或其他人员代签。

（2）脚手架搭设方案与现场的实际搭设不相符。

（3）随意变更脚手架搭设方案，不按方案执行，当需要变更脚手架方案时，施工人员不办理变更手续。

2. 预防措施

（1）编制前，应对施工现场进行勘查，了解地形、工程位置、周边环境等，编制时还要按照工程的实际情况画出现场总平面布置图。

（2）脚手架搭设方案的编制，按照有关规范的主要内容不可缺项，编制人、审核人和审批人按规定签字，由监理审批后报主管部门批准盖章。

（3）当需要变更时必须填写变更表，由原设计人重新设计，经审批后执行，同时补充变更前相关的图样资料，附于变更表后。

二、脚手架安全管理

1. 事故原因

（1）脚手架搭设之前不做安全技术交底或口头交底无文字记录，技术交底针对性不强，不详细，无书面记录，技术交底双方不签字，作业人员不了解工作职责，不懂安全操作技术规程。

（2）脚手架搭设完成后，没有进行检查验收，各项数据无记录，无验收责任人签字，不合格部位未整改或已整改但验收人员未复查。

2. 预防措施

（1）制定交底制度，编制交底内容（安全技术措施、操作规程、人员分工、职责、注意事项等），交底必须是书面交底，交底双方必须签字。

（2）脚手架搭设完成经验收合格后方可使用，验收记录各项数据必须量化，验收责任人必须签字，对于验收不合格的必须整改，待整改完毕复查合格后方可使用。

三、脚手架各部位

1. 立杆基础

（1）事故原因

1）基础未夯实找平，未设置底座，底座下未设置木垫板，无排水措施。

2）扫地杆设置高度不合理，连续长度范围内设置不齐全。

（2）预防措施

1）根据地耐力设计基础做法，回填土分层夯实达到要求后，浇筑20 cm厚混凝土基础，搭设时将木垫板铺平，放好底座，再将立杆放入底座内，不准将立杆直接置于木板上，同时设置排水沟（注：标准底座尺寸：150 mm × 150 mm × 8 mm钢板上部焊 ϕ57 mm × 3.5 mm钢管，长度 $L = 150$ cm；垫板尺寸：厚50 mm，长≥2 000 mm，宽200 mm）。

2）离地面（挑梁）20 cm处，在连续长度范围内设置纵、横向扫地杆。

2. 架体与建筑结构拉结（连墙件）

（1）事故原因

1）连墙件设置比较随意，并未按照施工方案中确定的做法去做。

2）脚手架搭设高度在24 m以下时，采用的柔性拉结不合要求，在24 m以上时，刚性连接形式多样、不规范。

3）搭设脚手架时，往往连墙杆件较滞后搭设，拆除脚手架时，连墙杆件较先拆除，使用期间（外粉作业时）还存在擅自拆除连墙件的现象。

（2）预防措施

1）连墙杆位置应在方案中确定，并绘制做法详图，不得在作业中随意设置。

2）脚手架搭设高度在24 m以下时，采用柔性拉结应同时增加支顶措施，在24 m以上时不准采用柔性连接，必须刚性连接。

3）在搭设脚手架时，连墙杆应与其他杆件同步搭设，在拆除脚手架时，应在其他杆件拆到连墙杆高度时，最后拆除连墙杆，严禁在使用期间拆除连墙杆件。

四、剪刀撑

1. 事故原因

（1）剪刀撑设置角度偏大，搭接接长偏短，搭接扣件数目不够，剪刀撑斜杆连接不符合要求。

（2）剪刀撑设置较随意，未连续设置，底部斜杆的下端不到底。

2. 预防措施

（1）每组剪刀撑跨越立杆根数为5～7根（>6 m），斜杆与地面夹角在45°～60°之间，搭接长度60～100 cm，设置2个以上旋转扣件与立杆或伸出的小横杆连接。

（2）剪刀撑应根据方案规定设置，不得在施工中随意设置，在外侧立面沿长度和高度连续设置，底部斜杆的下端应置于垫板上。

五、架体内封闭防护

1. 事故原因

（1）脚手架的外侧未及时用密目式安全网防护，作业层上脚手板未满铺，脚手架外侧缺少防护栏杆和挡脚板。

（2）脚手架的搭设高度未超过作业平面，施工层面缺少防护。

2. 预防措施

（1）脚手架外侧按规定设置密目安全网，安全网设置在外排立杆的里面，用合乎要求的系绳将网周边每隔45 cm（每个环扣间隔）系牢在钢管上，作业层脚手板应满铺，同时应在脚手架外侧大横杆与脚手板之间按临边防护的要求设置防护栏杆和挡脚板。

（2）脚手架应随施工进度搭设，且应超过作业层一步架或高出作业层1.5 m。

六、卸料平台

1．事故原因

（1）卸料平台无方案，缺设计图样，制作简单。

（2）卸料平台与外防护脚手架相连，平台没有按规定设置使用要求和限定载荷的标志牌。

2．预防措施

（1）施工现场所用的各处卸料平台必须单独作出设计并绘制施工图样，制作成定型化、工具化的结构，应能简单合理地与建筑结构连接。

（2）卸料平台应自成受力系统，禁止与脚手架连接，在平台明显处设置限定载荷标志牌及警示标志。

附录 A
建筑施工特种作业人员管理规定
（建质［2008］75 号）

第一章　总　　则

第一条　为加强对建筑施工特种作业人员的管理，防止和减少生产安全事故，根据《安全生产许可证条例》《建筑起重机械安全监督管理规定》等法规规章，制定本规定。

第二条　建筑施工特种作业人员的考核、发证、从业和监督管理，适用本规定。

本规定所称建筑施工特种作业人员是指在房屋建筑和市政工程施工活动中，从事可能对本人、他人及周围设备设施的安全造成重大危害作业的人员。

第三条　建筑施工特种作业包括：

（一）建筑电工；

（二）建筑架子工；

（三）建筑起重信号司索工；

（四）建筑起重机械司机；

（五）建筑起重机械安装拆卸工；

（六）高处作业吊篮安装拆卸工；

（七）经省级以上人民政府建设主管部门认定的其他特种作业。

第四条　建筑施工特种作业人员必须经建设主管部门考核合格，

取得建筑施工特种作业人员操作资格证书（以下简称“资格证书”），方可上岗从事相应作业。

第五条 国务院建设主管部门负责全国建筑施工特种作业人员的监督管理工作。

省、自治区、直辖市人民政府建设主管部门负责本行政区域内建筑施工特种作业人员的监督管理工作。

第二章 考 核

第六条 建筑施工特种作业人员的考核发证工作，由省、自治区、直辖市人民政府建设主管部门或其委托的考核发证机构（以下简称“考核发证机关”）负责组织实施。

第七条 考核发证机关应当在办公场所公布建筑施工特种作业人员申请条件、申请程序、工作时限、收费依据和标准等事项。

考核发证机关应当在考核前在机关网站或新闻媒体上公布考核科目、考核地点、考核时间和监督电话等事项。

第八条 申请从事建筑施工特种作业的人员，应当具备下列基本条件：

（一）年满18周岁且符合相关工种规定的年龄要求；

（二）经医院体检合格且无妨碍从事相应特种作业的疾病和生理缺陷；

（三）初中及以上学历；

（四）符合相应特种作业需要的其他条件。

第九条 符合本规定第八条规定的人员应当向本人户籍所在地或者从业所在地考核发证机关提出申请，并提交相关证明材料。

第十条 考核发证机关应当自收到申请人提交的申请材料之日起5个工作日内依法作出受理或者不予受理决定。

对于受理的申请，考核发证机关应当及时向申请人核发准考证。

第十一条 建筑施工特种作业人员的考核内容应当包括安全技

术理论和实际操作。

考核大纲由国务院建设主管部门制定。

第十二条 考核发证机关应当自考核结束之日起10个工作日内公布考核成绩。

第十三条 考核发证机关对于考核合格的，应当自考核结果公布之日起10个工作日内颁发资格证书；对于考核不合格的，应当通知申请人并说明理由。

第十四条 资格证书应当采用国务院建设主管部门规定的统一样式，由考核发证机关编号后签发。资格证书在全国通用。

资格证书样式见附件一，编号规则见附件二。

第三章 从 业

第十五条 持有资格证书的人员，应当受聘于建筑施工企业或者建筑起重机械出租单位（以下简称用人单位），方可从事相应的特种作业。

第十六条 用人单位对于首次取得资格证书的人员，应当在其正式上岗前安排不少于3个月的实习操作。

第十七条 建筑施工特种作业人员应当严格按照安全技术标准、规范和规程进行作业，正确佩戴和使用安全防护用品，并按规定对作业工具和设备进行维护保养。

建筑施工特种作业人员应当参加年度安全教育培训或者继续教育，每年不得少于24小时。

第十八条 在施工中发生危及人身安全的紧急情况时，建筑施工特种作业人员有权立即停止作业或者撤离危险区域，并向施工现场专职安全生产管理人员和项目负责人报告。

第十九条 用人单位应当履行下列职责：

（一）与持有效资格证书的特种作业人员订立劳动合同；

（二）制定并落实本单位特种作业安全操作规程和有关安全管理制度；

（三）书面告知特种作业人员违章操作的危害；

（四）向特种作业人员提供齐全、合格的安全防护用品和安全的作业条件；

（五）按规定组织特种作业人员参加年度安全教育培训或者继续教育，培训时间不少于 24 小时；

（六）建立本单位特种作业人员管理档案；

（七）查处特种作业人员违章行为并记录在档；

（八）法律法规及有关规定明确的其他职责。

第二十条 任何单位和个人不得非法涂改、倒卖、出租、出借或者以其他形式转让资格证书。

第二十一条 建筑施工特种作业人员变动工作单位，任何单位和个人不得以任何理由非法扣押其资格证书。

第四章 延期复核

第二十二条 资格证书有效期为两年。有效期满需要延期的，建筑施工特种作业人员应当于期满前 3 个月内向原考核发证机关申请办理延期复核手续。延期复核合格的，资格证书有效期延期 2 年。

第二十三条 建筑施工特种作业人员申请延期复核，应当提交下列材料：

（一）身份证（原件和复印件）；

（二）体检合格证明；

（三）年度安全教育培训证明或者继续教育证明；

（四）用人单位出具的特种作业人员管理档案记录；

（五）考核发证机关规定提交的其他资料。

第二十四条 建筑施工特种作业人员在资格证书有效期内，有下列情形之一的，延期复核结果为不合格：

（一）超过相关工种规定年龄要求的；

（二）身体健康状况不再适应相应特种作业岗位的；

（三）对生产安全事故负有责任的；

（四）2 年内违章操作记录达 3 次（含 3 次）以上的；

（五）未按规定参加年度安全教育培训或者继续教育的；

（六）考核发证机关规定的其他情形。

第二十五条 考核发证机关在收到建筑施工特种作业人员提交的延期复核资料后，应当根据以下情况分别作出处理：

（一）对于属于本规定第二十四条情形之一的，自收到延期复核资料之日起 5 个工作日内作出不予延期决定，并说明理由；

（二）对于提交资料齐全且无本规定第二十四条情形的，自受理之日起 10 个工作日内办理准予延期复核手续，并在证书上注明延期复核合格，并加盖延期复核专用章。

第二十六条 考核发证机关应当在资格证书有效期满前按本规定第二十五条作出决定；逾期未作出决定的，视为延期复核合格。

第五章 监督管理

第二十七条 考核发证机关应当制定建筑施工特种作业人员考核发证管理制度，建立本地区建筑施工特种作业人员档案。

县级以上地方人民政府建设主管部门应当监督检查建筑施工特种作业人员从业活动，查处违章作业行为并记录在档。

第二十八条 考核发证机关应当在每年年底向国务院建设主管部门报送建筑施工特种作业人员考核发证和延期复核情况的年度统计信息资料。

第二十九条 有下列情形之一的，考核发证机关应当撤销资格证书：

（一）持证人弄虚作假骗取资格证书或者办理延期复核手续的；

（二）考核发证机关工作人员违法核发资格证书的；

（三）考核发证机关规定应当撤销资格证书的其他情形。

第三十条 有下列情形之一的，考核发证机关应当注销资格证书：

（一）依法不予延期的；

（二）持证人逾期未申请办理延期复核手续的；

（三）持证人死亡或者不具有完全民事行为能力的；

（四）考核发证机关规定应当注销的其他情形。

第六章 附 则

第三十一条 省、自治区、直辖市人民政府建设主管部门可结合本地区实际情况制定实施细则，并报国务院建设主管部门备案。

第三十二条 本办法自2008年6月1日起施行。

附录 B
建筑架子工（普通脚手架）安全技术考核大纲（试行）

1　安全技术理论

1.1　安全生产基本知识

1.1.1　了解建筑安全生产法律法规和规章制度

1.1.2　熟悉有关特种作业人员的管理制度

1.1.3　掌握从业人员的权利义务和法律责任

1.1.4　熟悉高处作业安全知识

1.1.5　掌握安全防护用品的使用

1.1.6　熟悉安全标志、安全色的基本知识

1.1.7　了解施工现场消防知识

1.1.8　了解现场急救知识

1.1.9　熟悉施工现场安全用电基本知识

1.2　专业基础知识

1.2.1　了解力学基本知识

1.2.2　了解建筑识图知识

1.2.3　了解杆件的受力特点

1.3　专业技术理论

1.3.1　了解脚手架专项施工方案的主要内容

1.3.2　熟悉脚手架搭设图样

1.3.3　了解脚手架的种类、形式

1.3.4　熟悉脚手架材料的种类、规格及材质要求

1.3.5　熟悉扣件式、碗扣式钢管脚手架和门式脚手架的构造
1.3.6　掌握扣件式、碗扣式钢管脚手架和门式脚手架的搭设和拆除方法
1.3.7　掌握安全网的挂设方法
1.3.8　熟悉脚手架的验收内容和方法
1.3.9　了解脚手架常见事故原因及处置方法
2　安全操作技能
2.1　掌握辨识脚手架及构配件的名称、功能、规格的能力
2.2　掌握辨识不合格脚手架构配件的能力
2.3　掌握常用脚手架的搭设和拆除方法
2.4　掌握常用模板支架的搭设和拆除方法

附录 C
建筑架子工（普通脚手架）操作技能考核标准（试行）

1　现场搭设双排落地扣件式钢管脚手架

1.1　考核场地、设施

1.1.1　具备搭设脚手架条件的场地。

1.1.2　具备搭设脚手架条件的建筑物或构筑物。

1.2　考核料具

1.2.1　钢管：规格 ϕ48 mm×3.5 mm，长度 6 m、5 m、4 m、3 m、2 m、1.5 m 若干。

1.2.2　扣件：直角扣件、旋转扣件、对接扣件若干。

1.2.3　垫木、底座、脚手板（木脚手板、钢脚手板或者竹脚手板）、挡脚板、密目式安全网、安全平网、系绳、铅丝若干。

1.2.4　工具：钢卷尺、扳手、扭力扳手、计时器。

1.2.5　个人安全防护用品。

1.3　考核方法

每 6 ~ 8 名考生为一组，搭设一宽 5 跨、高 5 步的双排落地扣件式钢管脚手架。脚手架步距 1.8 m，纵距 1.5 m，横距 1.3 m；连墙件按二步三跨设置；操作层设置在第四步处。

1.4　考核时间

180 min。具体可根据实际考核情况调整。

1.5　考核评分标准

满分 70 分。考核评分标准见表 1。第 1 ~ 10 项为集体考核项目，考核得分即为每个人得分：第 11 ~ 12 项为个人考核项目。各项目所扣分数总和不得超过该项应得分值。

表 1　　考核评分标准

序号	项目	扣分标准	应得分值
1	垫木和底座	未设置垫木的，扣 6 分；设置不正确的，每处扣 2 分 未设置底座的，每处扣 2 分	6
2	立杆	杆件间距尺寸偏差超过规定值的，每处扣 2 分 立杆垂直度偏差超过规定值的，每处扣 2 分 连接不正确的，每处扣 2 分	6
3	扫地杆	未设置扫地杆的，扣 6 分 设置不正确的，每处扣 2 分	6
4	纵向水平杆	杆件间距尺寸偏差超过规定值的，每处扣 1 分 设置不正确的，每处扣 2 分	4
5	横向水平杆	未设置横向水平杆的，每处扣 2 分 设置不正确的，每处扣 1 分	4
6	连墙件	连墙件数量不足的，每缺少一处扣 4 分 设置位置错误的，每处扣 2 分 设置方法错误的，每处扣 2 分	8
7	剪刀撑	未设置剪刀撑的，扣 6 分 设置不正确的，每处扣 2 分	6
8	扣件拧紧力矩	随机抽查 4 个扣件的拧紧力矩，不符合要求的，每处扣 2 分	4
9	安全网	未设置首层平网的，扣 4 分 未设置随层平网的，扣 4 分 未挂设密目式安全网的，扣 4 分 安全网设置不符合要求的，每处扣 2 分	8

续表

序号	项目	扣分标准	应得分值
10	操作层防护	未设置挡脚板的，扣4分；设置不正确的，每处扣2分 未设置防护栏杆的，扣4分；设置不正确的，每处扣2分 未设置脚手板的，扣8分；未满铺的，扣2~6分 未按规定进行对接或搭接的，每处扣2分 出现探头板的，扣8分。	8
11	个人安全防护用品使用	未佩戴安全帽的，扣4分 佩戴不正确的，扣2分 高处悬空作业时未系安全带的，扣4分 系挂不正确的，扣2分	4
12	扭力扳手的使用	不能正确使用扭力扳手测量扣件拧紧力矩的，扣6分	6
合计			70

说明：

（1）本考题中脚手架的步距、纵距和横距，各地可根据当地实际情况，依据《建筑施工扣件式钢管脚手架安全技术规范》自行确定。

（2）本考题也可采用碗扣式脚手架、门式脚手架、竹脚手架、木脚手架，考核项目和评分标准由各地自行拟定。

2　查找满堂脚手架（模板支架）存在的安全隐患

2.1　考核设备和器具

2.1.1　已搭设好的模板支架，高度3~5 m，上部无荷载。其中设置构造缺陷（问题）若干处。

2.1.2　个人安全防护用品、计时器1个。

2.2　考核方法

由考生检查已搭设好的模板支架，在规定时间内查找出5处存在的缺陷（问题）并说明原因。

2.3　考核时间

20 min。

2.4　考核评分标准

满分20分。在规定时间内每准确查找出一处缺陷（问题）并正确说明原因的，得4分；查找出缺陷（问题）但未正确说明原因的，得2分。

3　扣件式钢管脚手架部件的判废

3.1　考核器具

3.1.1　钢管、扣件等实物或图示、影像资料（包括达到报废标准和有缺陷的）。

3.1.2　其他器具：计时器1个。

3.2　考核方法

3.2.1　从钢管实物或图示、影像资料中随机抽取2件（张），由考生判断其是否存在缺陷或达到报废标准，并说明原因。

3.2.2　从扣件实物或图示、影像资料中随机抽取2件（张），由考生判断其是否存在缺陷或达到报废标准，并说明原因。

3.3　考核时间

10 min。

3.4　考核评分标准

满分10分。在规定时间内能正确判断并说明原因的，每项得2.5分；判断正确但不能准确说明原因的，每项得1.5分。

附录 D
建筑施工普通脚手架安全技术规范强制性标准条文（部分）

一、工程建设行业标准《建筑施工扣件式钢管脚手架安全技术规范》（JGJ 130—2001）

3.1.3

——钢管上严禁打孔。

5.3.5

——当脚手架搭设尺寸中的步距、立杆纵距、立杆横距和连墙件间距有变化时，除计算底层立杆段外，还必须对出现最大步距或最大立杆纵距、立杆横距、连墙件间距等部位的立杆段进行验算。

6.2.2

——主节点处必须设置一根横向水平杆，用直角扣件扣接且严禁拆除。主节点处两个直角扣件的中心距不应大于150 mm。在双排脚手架中，靠墙一端的外伸长度 a 不应大于 $0.4L$，且不应大于500 mm。

6.2.3

——冲压钢脚手板、木脚手板、竹串片脚手板等，应设置在三根横向水平杆上。当脚手板长度小于2 m时，可采用两根横向水平杆支撑，但应将脚手板两端与其可靠固定，严防倾翻。此三种脚手板的铺设可采用对接平铺，也可采用搭接铺设。脚手板对接平铺时，接头处必须设两根横向水平杆，脚手板外伸长应取 130 ~ 150 mm，两块脚手板外伸长度的和不应大于 300 mm（见图 6. 2. 3a）；脚手板搭接铺设时，接头必须支在横向水平杆上，搭接长度应大于 200 mm，其伸出横向水平杆的长度不应小于 100 mm（见图 6. 2. 3b）。

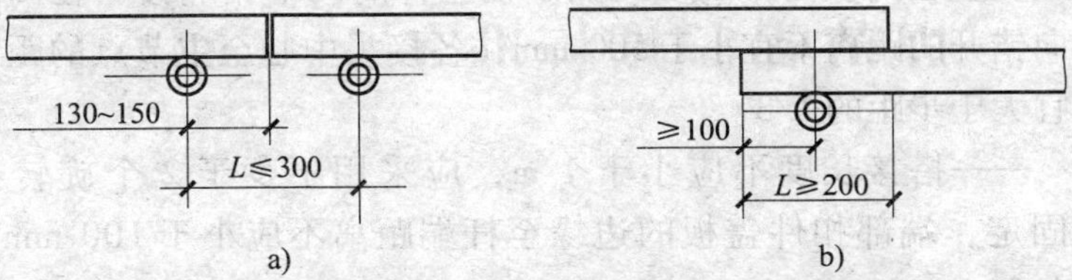

图 6. 2. 3　脚手板对接、搭接构造

a）脚手板对接　b）脚手板搭接

6. 3. 2　脚手架必须设置纵、横向扫地杆。纵向扫地杆应采用直角扣件固定在距底座上不大于 200 mm 处的立杆上。横向扫地杆亦应采用直角扣件固定在紧靠纵向扫地杆下方的立杆上。当立杆基础不在同一高度上时，必须将高处的纵向扫地杆向低处延长两跨与立杆固定，高低差不应大于 1 m。靠边坡上方的立杆轴线到边坡的距离不应小于 500 mm（见图 6. 3. 2）。

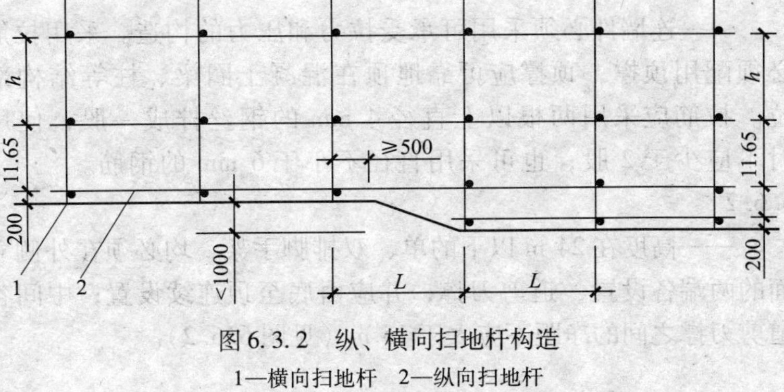

图 6. 3. 2　纵、横向扫地杆构造

1—横向扫地杆　2—纵向扫地杆

6.3.4 立杆必须用连墙件与建筑物可靠连接，连墙件布置间距宜按本规范表 6.4.1 采用（此处表略）。

6.3.5 立杆接长除顶层顶步可采用搭接外，其余各层各步接头必须采用对接扣件连接。对接、搭接应符合下列规定：

——立杆上的对接扣件应交错布置：两根相邻立杆的接头不应设置在同步内，同步内隔一根立杆的两个相隔接头在高度方向错开的距离不宜小于 500 mm；各接头中心至主节点的距离不宜大于步距的 1/3。

——搭接长度不应小于 1 m，应采用不少于 2 个旋转扣件固定，端部扣件盖板的边缘至杆端距离不应小于 100 mm。

6.4.2

——一字型、开口型脚手架的两端必须设置连墙件，连墙件的垂直间距不应大于建筑物的层高，并不应大于 4 m（2 步）。

6.4.3 对高度在 24 m 以下的单、双排脚手架，宜采用刚性连墙件与建筑物可靠连接，也可采用拉筋和顶撑配合使用的附墙连接方式。严禁使用仅有拉筋的柔性连墙件。

6.4.4 对高度 24 m 以上的双排脚手架，必须采用刚性连墙件与建筑物可靠连接。

6.4.5

——连墙件必须采用可承受拉力和压力的构造。采用拉筋必须配用顶撑，顶撑应可靠地顶在混凝土圈梁、柱等结构部位。拉筋应采用两根以上直径 4 mm 的钢丝拧成一股，使用时不应少于 2 股；也可采用直径不小于 6 mm 的钢筋。

6.6.2

——高度在 24 m 以下的单、双排脚手架，均必须在外侧立面的两端各设置一道剪刀撑，并应由底至顶连续设置；中间各道剪刀撑之间的净距不应大于 15 m（见图 6.6.2）。

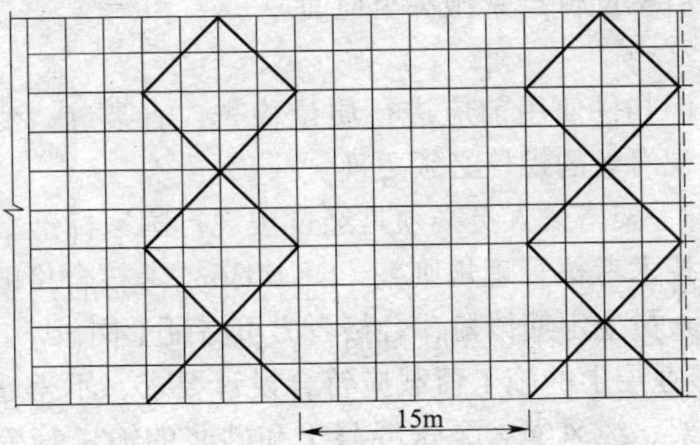

图 6. 6. 2　剪刀撑布置

6. 6. 3

——一字型、开口型双排脚手架的两端均必须设置横向斜撑，中间宜每隔 6 跨设置一道。

7. 1. 5　当脚手架基础下有设备基础、管沟时，在脚手架使用过程中不应开挖，否则必须采取加固措施。

7. 3. 1　脚手架必须配合施工进度搭设，一次搭设高度不应超过相邻连墙件以上两步。

7. 3. 4

——严禁将外径 48 mm 与 51 mm 的钢管混合使用。

7. 3. 8

——剪刀撑、横向斜撑搭设应符合本规范第 6. 6 节的规定，并应随立杆、纵向和横向水平杆等同步搭设，各底层斜杆下端均必须支撑在垫块或垫板上。

7. 4. 2

——拆除作业必须由上而下逐层进行，严禁上下同时作业。

——连墙件必须随脚手架逐层拆除，严禁先将连墙件整层或数层拆除后再拆脚手架；分段拆除高差不应大于 2 步，如高差大于 2 步，应增设连墙件加固。

7. 4. 3

——各构配件严禁抛掷至地面。

8.1.3

——旧扣件使用前应进行质量检查，有裂缝、变形的严禁使用，出现滑丝的螺栓必须更换。

9.0.1　脚手架搭设人员必须是经过按现行国家标准《特种作业人员安全技术考核管理规则》（GB 5036）考核合格的专业架子工。上岗人员应定期体检，合格者方可持证上岗。

9.0.4　作业层上的施工荷载应符合设计要求，不得超载。不得将模板支架、缆风绳、泵送混凝土和砂浆的输送管等固定在脚手架上；严禁悬挂起重设备。

9.0.7　在脚手架使用期间，严禁拆除下列杆件：

——主节点处的纵、横向水平杆，纵、横向扫地杆；

——连墙件。

二、工程建设行业标准《建筑施工碗扣式钢管脚手架安全技术规范》（JGJ 166—2008）

3.2.4　采用钢板热冲压整体成型的下碗扣，钢板应符合现行国家标准《碳素结构钢》GB/T 700 中 Q235A 级钢的要求，板材厚度不得小于 6 mm，并应经 600 ~ 650℃ 的时效处理。严禁利用废旧锈蚀钢板改制。

3.3.8　可调底座底板的钢板厚度不得小于 6 mm，可调托撑钢板厚度不得小于 5 mm。

3.3.9　可调底座及可调托撑丝杆与调节螺母啮合长度不得少于 6 扣，插入立杆内的长度不得小于 150 mm。

5.1.4　受压杆件长细比不得大于 230，受拉杆件长细比不得大于 350。

6.1.4　双排脚手架首层立杆应采用不同的长度交错布置，底层纵、横向横杆作为扫地杆距地面高度应小于或等于350 mm，严禁施工中拆除扫地杆，立杆应配置可调底座或固定底座（见图 6.1.4）。

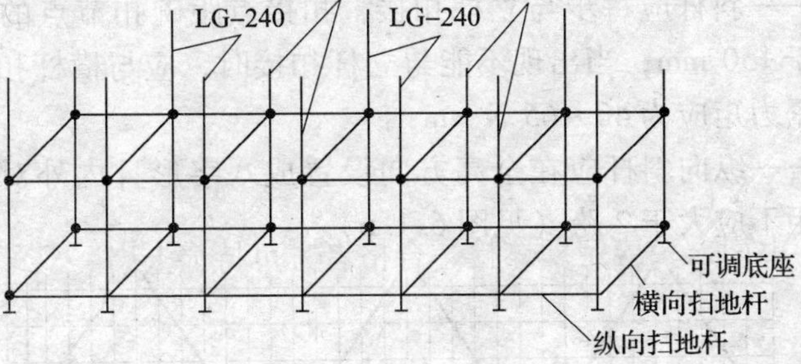

图 6. 1. 4　首层立杆布置示意

6. 1. 5　双排脚手架专用外斜杆设置（见图 6. 1. 5）应符合下列规定：

——斜杆应设置在有纵、横向横杆的碗扣节点上；

——在封圈的脚手架拐角处及一字型脚手架端部应设置竖向通高斜杆；

——当脚手架高度小于或等于 24 m 时，每隔 5 跨应设置一组竖向通高斜杆；当脚手架高度大于 24 m 时，每隔 3 跨应设置一组竖向通高斜杆；斜杆应对称设置；

——当斜杆临时拆除时，拆除前应在相邻立杆间设置相同数量的斜杆。

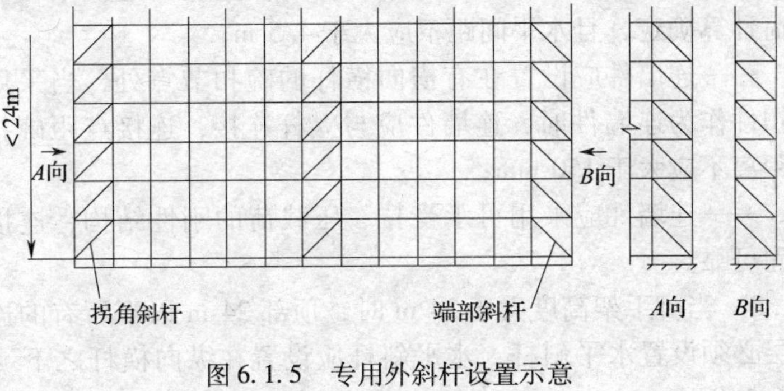

图 6. 1. 5　专用外斜杆设置示意

6.1.6　当采用钢管扣件作斜杆时应符合下列规定：

——斜杆应每步与立杆扣接，扣接点距碗扣节点的距离不应大于150 mm；当出现不能与立杆扣接时，应与横杆扣接，扣件扭紧力矩应为40～65 N·m；

——纵向斜杆应在全高方向设置成八字形且内外对称，斜杆间距不应大于2跨（见图6.1.6）。

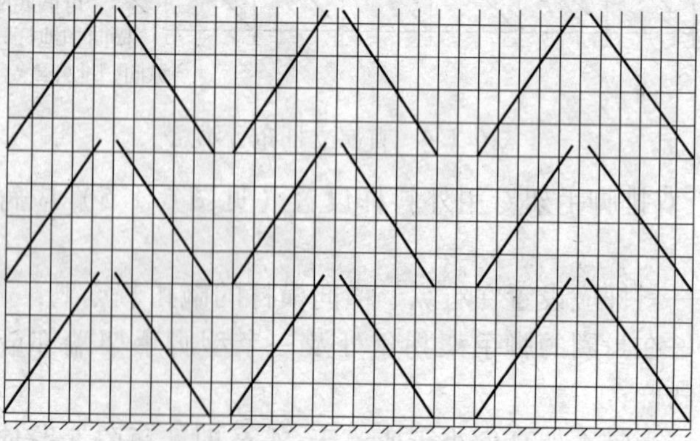

图6.1.6　钢管扣件作斜杆设置

6.1.7　连墙件的设置应符合下列规定：

——连墙件应呈水平设置，当不能呈水平设置时，与脚手架连接的一端应下斜连接；

——每层连墙件应在同一平面，其位置应由建筑结构和风载荷计算确定，且水平间距不应大于4.5 m；

——连墙件应设置在有横向横杆的碗扣节点处，当采用钢管扣件作为连墙件时，连墙件应与立杆连接，连接点距碗扣节点距离不应大于150 mm；

——连墙件应采用可承受拉、压载荷的刚性结构，连接应牢固可靠。

6.1.8　当脚手架高度大于24 m时，顶部24 m以下所有的连墙件层必须设置水平斜杆，水平斜杆应设置在纵向横杆之下（见图6.1.8）。

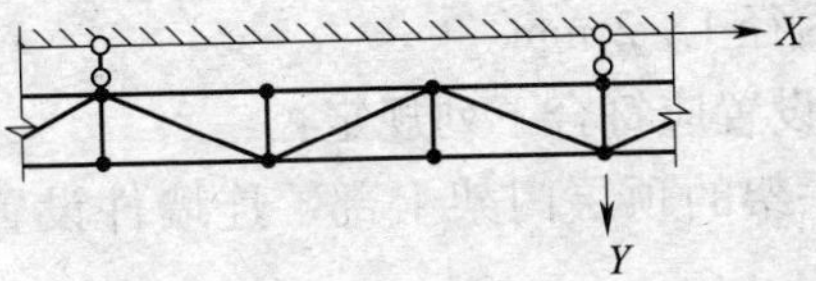

图 6.1.8　水平斜杆设置示意图

6.2.2　模板支撑架斜杆设置应符合下列要求：

——当立杆间距大于 1.5 m 时，应在拐角处设置通高专用斜杆，中间每排每列应设置通高八字形斜杆或剪刀撑；

——当立杆间距小于或等于 1.5 m 时，模板支撑架四周从底到顶连续设置竖向剪刀撑；中间纵、横向由底至顶连续设置竖向剪刀撑，其间距应小于或等于 4.5 m；

——剪刀撑的斜杆与地面夹角应在 45°～60°之间，斜杆应每步与立杆扣接。

6.2.3　当模板支撑架高度大于 4.8 m 时，顶端和底部必须设置水平剪刀撑，中间水平剪刀撑设置间距应小于或等于 4.8 m。

7.2.1　脚手架基础必须按专项施工方案进行施工，按基础承载力要求进行验收。

7.3.7　连墙件必须随双排脚手架升高及时在规定的位置处设置，严禁任意拆除。

7.4.6　连墙件必须在双排脚手架拆到该层时方可拆除，严禁提前拆除。

9.0.5　严禁在脚手架基础及邻近处进行挖掘作业。

三、工程建设行业标准《建筑施工门式钢管脚手架安全技术规范》（JGJ 128—2000）

3.0.4　钢管应平直，平直度允许偏差为管长的 1/500；两端面应平整，不得有斜口、毛口；严禁使用有硬伤（硬弯、砸扁等）及严重锈蚀的钢管。

6.2.2　上、下榀门架的组装必须设置连接棒及锁臂，连接棒直径应小于立杆内径 1 ~2 mm。

6.2.4 水平架设置应符合下列规定：

——在脚手架的顶层门架上部、连墙件设置层、防护棚设置处必须设置。

6.5.4 连墙件应能承受拉力与压力，其承载力标准值不应小于 10 kN；连墙件与门架、建筑物的连接也应具有相应的连接强度。

6.8.1 搭设脚手架的场地必须平整坚实，并作好排水，回填土地面必须分层回填，逐层夯实。

7.3.1 搭设门架及配件应符合下列规定：

——交叉支撑、水平架或脚手板应紧随门架的安装及时设置；

——连接门架与配件的锁臂、搭钩必须处于锁住状态。

7.3.2 加固杆、剪刀撑等加固件的搭设应符合下列规定：

——加固杆、剪刀撑必须与脚手架同步搭设。

7.3.3 连墙件的搭设应符合下列规定：

——连墙件的搭设必须随脚手架搭设同步进行，严禁滞后设置或搭设完毕后补做。

7.5.4 脚手架的拆除应在统一指挥下，按后装先拆、先装后拆的顺序及下列安全作业的要求进行：

——连墙件、通长水平杆和剪刀撑等，必须在脚手架拆卸到相关的门架时方可拆除；

——工人必须站在临时设置的脚手板上进行拆卸作业，并按规定使用安全防护用品；

——拆除工作中，严禁使用榔头等硬物击打、撬挖，拆下的连接棒应放入袋内，锁臂应先传递至地面并放室内堆存。

8.0.1 搭拆脚手架必须由专业架子工担任，并按现行国家标准《特种作业人员安全技术考核管理规则》（GB 5036）考核合格，持证上岗。上岗人员应定期进行体检，凡不适于高处作业者，不得上脚手架操作。

8.0.2　搭拆脚手架时工人必须戴安全帽，系安全带，穿防滑鞋。

8.0.3　操作层上施工载荷应符合设计要求，不得超载；不得在脚手架上集中堆放模板、钢筋等物件。严禁在脚手架上拉缆风绳或固定、架设混凝土泵、泵管及起重设备等。

8.0.5　施工期间不得拆除下列杆件：

——交叉支撑，水平架；

——连墙件；

——加固杆件，如剪刀撑、水平加固杆、扫地杆、封口杆等；

——栏杆。

8.0.7　在脚手架基础或邻近严禁进行挖掘作业。

8.0.10　沿脚手架外侧严禁任意攀登。

9.4.3　施工应符合下列规定：

——拆除模板支撑及满堂脚手架时应采用可靠安全措施，严禁高空抛掷。

四、工程建设行业标准《建筑施工木脚手架安全技术规范》（JGJ 164—2008）

1.0.3　当选材、材质和构造符合本规范的规定时，脚手架搭设高度应符合下列规定：

——单排架不得超过 20 m；

——双排架不得超过 25 m，当需超过 25 m 时，应按本规范第 5 章进行设计计算确定，但增高后的总高度不得超过 30 m。

3.1.1　杆件、连墙件应符合下列规定：

——立杆、斜撑、剪刀撑、抛撑应选用剥皮杉木或落叶松。其材质性能应符合现行国家标准《木结构设计规范》（GB 50005）中规定的承重结构原木Ⅲa 材质等级的质量标准。

——纵向水平杆及连墙件应选用剥皮杉木或落叶松。横向水平杆应选用剥皮杉木或落叶松。其材质性能均应符合现行国家标准《木结构设计规范》（GB 50005）中规定的承重结构原木Ⅱa 材质等级的质量标准。

3.1.3 连接用的绑扎材料必须选用 8 号镀锌钢丝或回火钢丝，且不得有锈蚀斑痕；用过的钢丝严禁重复使用。

6.1.2 单排脚手架的搭设不得用于墙厚在 180 mm 及以下的砌体土坯和轻质空心砖墙以及砌筑砂浆强度在 M1.0 以下的墙体。

6.1.3 空斗墙上留置脚手眼时，横向水平杆下必须实砌两皮砖。

6.1.4 砖砌体的下列部位不得留置脚手眼：

——砖过梁上与梁成 60°角的三角形范围内；

——砖柱或宽度小于 740 mm 的窗间墙；

——梁和梁垫下及其左右 370 mm 的范围内；

——门窗洞口两侧 240 mm 和转角处 420 mm 的范围内；

——设计图样上规定不允许留洞眼的部位。

6.2.2 剪刀撑的设置应符合下列规定：

——单、双排脚手架的外侧均应在架体端部、转折角和中间每隔 15 m 的净距内，设置纵向剪刀撑，并应由底至顶连续设置；剪刀撑的斜杆应至少覆盖 5 根立杆。斜杆与地面倾角应在 45°~60°之间。当架长在 30 m 以内时，应在外侧立面整个长度和高度上连续设置多跨剪刀撑。

——剪刀撑的斜杆的端部应置于立杆与纵、横向水平杆相交节点处，与横向水平杆绑扎应牢固。中部与立杆及纵、横向水平杆各相交处均应绑扎牢固。

——对不能交圈搭设的单片脚手架，应在两端端部从底到上连续设置横向斜撑。

——斜撑或剪刀撑的斜杆底端埋入土内深度不得小于 0.3 m。

6.2.3　对三步以上的脚手架，应每隔 7 根立杆设置 1 根抛撑，抛撑应进行可靠固定，底端埋深应为 0.2 ~ 0.3 m。

6.2.4　当脚手架高超过 7 m 时，必须在搭设的同时设置与建筑物牢固连接的连墙件。连墙件的设置应符合下列规定：

——连墙件应既能抗拉又能承压，除应在第一步架高处设置外，双排架应两步三跨设置一个；单排架应两步两跨设置一个；连墙件应沿整个墙面采用梅花形布置。

——开口型脚手架，应在两端部沿竖向每步架设置一个。

——连墙件应采用预埋件和工具化、定型化的连接构造。

6.2.6　在土质地面挖掘立杆基坑时，坑深应为 0.3 ~ 0.5 m，并应于埋杆前将坑底夯实，或按计算要求加设垫木。

6.2.7　当双排脚手架搭设立杆时，里外两排立杆距离应相等。杆身沿纵向垂直允许偏差应为架高的 3/1 000，且不得大于 100 mm，并不得向外倾斜。埋杆时，应采用石块卡紧，再分层回填夯实，并应有排水措施。

6.2.8　当立杆底端无法埋地时，立杆在地表面处必须加设扫地杆。横向扫地杆距地表面应为 100 mm，其上绑扎纵向扫地杆。

6.3.1　满堂脚手架的构造参数应按表 6.3.1 的规定选用。

表 6.3.1　　满堂脚手架的构造参数

用途	控制荷载	立杆纵横间距（m）	纵向水平杆竖向步距（m）	横向水平杆设置	作业层横向水平杆间距（m）	脚手板铺设
装修架	2 kN/m²	≤1.2	1.8	每步一道	0.60	满铺、铺稳、铺牢，脚手板下设置大网眼安全网
结构架	3 kN/m²	≤1.5	1.4	每步一道	0.75	

8.0.5　上料平台应独立搭设，严禁与脚手架共用杆件。

8.0.8　不得在各种杆件上进行钻孔、刀削和斧砍。每年均应对所使用的脚手板和各种杆件进行外观检查，严禁使用腐朽、虫蛀、折裂、扭裂和纵向有严重裂缝的杆件。

参考文献

[1] 王立雄，王爱英．建筑力学与结构［M］．北京：中国建筑工业出版社，2007．

[2] 吴承霞．建筑力学与结构［M］．北京：北京大学出版社，2009．

[3] 张毅．建筑力学（上、下册）［M］．北京：清华大学出版社，2007．

[4] 刘玉清，张成．建筑力学［M］．北京：化学工业出版社，2010．

[5] 杨云芳．建筑力学［M］．杭州：浙江大学出版社，2007．

[6] 尚久明．建筑识图与房屋构造［M］．2版．北京：电子工业出版社，2009．

[7] 赵研．建筑识图与构造［M］．北京：高等教育出版社，2006．

[8] 杨波．建筑识图入门［M］．合肥：安徽科学技术出版社，2008．

[9] 高霞．建筑识图快速入门［M］．北京：国防工业出版社，2009．

[10] 住房和城乡建设部工程质量安全监管司．普通脚手架架子工［M］．北京：中国建筑工业出版社，2010．

[11] 王宇辉，王勇，李玲，等．脚手架施工与安全［M］．北京：中国建材工业出版社，2008．

[12] 邵国荣．架子工（初级）［M］．北京：机械工业出版社，2006．

[13] 那建兴，张锐，王国胜．建筑架子工［M］．北京：中国铁道出版社，2009.

[14] 余宗明．脚手架结构计算及安全技术［M］．北京：中国建筑工业出版社，2007.

[15] 职业教育研究中心．架子工［M］．北京：华文出版社，2007.

[16] 王志来．脚手架工程安全技术［M］．北京：中国劳动社会保障出版社，2009.

[17] 余宗明．《建筑施工碗扣式钢管脚手架安全技术规范》结构设计详解［M］．北京：中国建筑工业出版社，2009.

[18] 侯国华．架子工初级技能［M］．北京：高等教育出版社，2005.

[19] 崔炳东．架子工基础知识［M］．北京：中国城市出版社，2003.

[20] 王晓斌，焦静，宋爱民，等．架子工安全技术［M］．北京：化学工业出版社，2005.

[21] 雷杰恒．架子工基本技能［M］．北京：中国劳动社会保障出版社，2010.

[22] 刘嘉福．扣件式钢管脚手架搭设要求与设计计算［M］．北京：中国建筑工业出版社，2001.

[23] 郭俊峰．架子工［M］．北京：化学工业出版社，2008.

[24] 陈远吉，宁平．脚手架工程施工技术［M］．北京：化学工业出版社，2009.

[25] 刘秀南．架子工长一本通［M］．北京：中国建材工业出版社，2010.